U0347208

国防科技图书出版基金

铁磁材料缺陷的磁记忆检测技术

Metal Magnetic Memory Testing Technology for Ferromagnetic Material Defects

王长龙　陈海龙　马晓琳　李永科　林志龙　张玉华　著

国防工业出版社

·北京·

图书在版编目（CIP）数据

铁磁材料缺陷的磁记忆检测技术 / 王长龙等著. —北京：国防工业
出版社，2021.6

ISBN 978-7-118-12253-4

Ⅰ. ①铁… Ⅱ. ①王… Ⅲ. ①金属材料－铁磁体－形状记忆
合金－检测 Ⅳ. ①TM274-34

中国版本图书馆 CIP 数据核字（2021）第 043147 号

※

国防工业出版社出版发行

（北京市海淀区紫竹院南路 23 号 邮政编码 100048）

国防工业出版社印刷厂印刷

新华书店经售

*

开本 710×1000 1/16 插页 2 印张 9¼ 字数 165 千字
2021 年 6 月第 1 版第 1 次印刷 印数 1—1500 册 定价 89.00 元

（本书如有印装错误，我社负责调换）

国防书店：（010）88540777 书店传真：（010）88540776
发行业务：（010）88540717 发行传真：（010）88540762

致 读 者

本书由中央军委装备发展部**国防科技图书出版基金**资助出版。

为了促进国防科技和武器装备发展，加强社会主义物质文明和精神文明建设，培养优秀科技人才，确保国防科技优秀图书的出版，原国防科工委于1988年初决定每年拨出专款，设立国防科技图书出版基金，成立评审委员会，扶持、审定出版国防科技优秀图书。这是一项具有深远意义的创举。

国防科技图书出版基金资助的对象是：

1. 在国防科学技术领域中，学术水平高，内容有创见，在学科上居领先地位的基础科学理论图书；在工程技术理论方面有突破的应用科学专著。

2. 学术思想新颖，内容具体、实用，对国防科技和武器装备发展具有较大推动作用的专著；密切结合国防现代化和武器装备现代化需要的高新技术内容的专著。

3. 有重要发展前景和有重大开拓使用价值，密切结合国防现代化和武器装备现代化需要的新工艺、新材料内容的专著。

4. 填补目前我国科技领域空白并具有军事应用前景的薄弱学科和边缘学科的科技图书。

国防科技图书出版基金评审委员会在中央军委装备发展部的领导下开展工作，负责掌握出版基金的使用方向，评审受理的图书选题，决定资助的图书选题和资助金额，以及决定中断或取消资助等。经评审给予资助的图书，由中央军委装备发展部国防工业出版社出版发行。

国防科技和武器装备发展已经取得了举世瞩目的成就，国防科技图书承担着记载和弘扬这些成就，积累和传播科技知识的使命。开展好评审工作，使有限的基金发挥出巨大的效能，需要不断摸索、认真总结和及时改进，更需要国防科技和武器装备建设战线广大科技工作者、专家、教授，以及社会各界朋友的热情支持。

让我们携起手来，为祖国昌盛、科技腾飞、出版繁荣而共同奋斗！

国防科技图书出版基金

评审委员会

国防科技图书出版基金
2019 年度评审委员会组成人员

前　言

目前常用的无损检测方法主要有射线（radiographic）检测、超声（ultrasonic）检测、磁粉（magnetic particle）检测、渗透（penetrant）检测和涡流（eddy current）检测等，但这些常规的无损检测方法只能发现已经形成的宏观缺陷，对于铁磁性构件的早期疲劳损伤，即裂纹的萌生阶段，特别是连续变化的缺陷难以实施有效的诊断。金属磁记忆检测技术是一种基于磁机械效应和磁弹性效应的磁检测技术，它能够对铁磁性金属构件的早期失效和损伤等进行快速、准确的诊断，能够预防突发的疲劳损伤，是迄今为止能够对铁磁性构件进行早期探伤诊断的、较好的无损检测方法。但由于磁记忆信号的影响因素较多，目前磁记忆检测主要作为一种初步检测手段，只能对铁磁材料缺陷进行定性判断，而无法对缺陷进行定量评价。鉴于此，本书紧密结合磁记忆检测技术国内外研究现状，介绍了力-磁耦合影响因素、磁记忆信号测量提取方法、检测信号降噪处理、损伤状态识别、缺陷定量化反演等技术。

全书共分为7章。第1章介绍磁记忆检测的意义，阐述磁记忆检测的国内外研究动态，分析磁记忆检测技术的发展趋势，概括说明了本书的基本框架和主要内容；第2章阐述物质的磁性及其分类，分析磁性物质的特点，说明了磁记忆检测的原理；第3章介绍力-磁耦合变化特征，分析了环境磁场对磁记忆检测信号的影响；第4章介绍磁记忆检测信号的特征提取方法，将磁梯度张量测量分析方法应用到信号特征提取中，研究了以总梯度模量幅值作为磁记忆检测的缺陷判断依据的可行性，克服检测方向对检测结果的影响，提高磁记忆检测的可靠性；第5章介绍磁记忆信号降噪处理方法，针对磁记忆信号不同噪声的特点，研究了形态滤波和EMD分解阈值滤波方法结合进行信号降噪，提高了磁记忆信号的信噪比；第6章介绍缺陷损伤状态识别方法，分析了不同类型缺陷磁记忆信号的平面和垂面分布特征差异，根据缺陷边界处总梯度模量的垂面衰减规律，可对试件的损伤状态做出判断，准确地区分出应力集中和裂纹缺陷；第7章介绍磁记忆缺陷轮廓定量化反演，将多个方向分布特征相同的磁场梯度信号进行组合，形成一个可增强缺陷边界特征的梯度模特征量，实现缺陷二维分布的反演，在此基础上，利用不同高度的磁场数据，建立缺陷反演空间离散阵列模型，实现缺陷三维轮廓反演。

本书的研究成果可拓宽金属磁记忆技术的理论研究范围，能直观有效地揭示铁磁构件的早期潜在缺陷，为军用装备、特种设备和重要金属部件的质量检验、寿命评估和安全性评价等应用奠定基础。

　　本书收集了作者近年来所取得的一些科研成果和在相关文献上发表的一些论文，王长龙、陈海龙和林志龙撰写了第 3、4、6、7 章，马晓琳和李永科撰写了第 1、5 章，张玉华撰写了第 2 章。撰写时力求语言精炼、图文并茂，所述内容能够全面、准确地反映作者所做工作。

　　在撰写过程中：陆军工程大学石家庄校区无人机工程系的同事们给予了很大的支持和帮助；国防科技图书出版基金评审委员会为本书的出版做了很多工作；本书的研究内容先后得到河北省自然科学基金项目（项目编号：E2015506004）和军队科研项目的资助。著者在此一并深表谢意。

　　虽然近年来著者在磁记忆无损检测方面进行了一些有益的探讨和研究，但也深深感到很多方面存在不足，在本书章节安排和内容叙述等方面难免存在不妥之处，衷心希望同行专家给予批评和指正。

著　者

2020 年 12 月

目　　录

Contents

X

第1章　绪论

1.1　概述

在国防、石油、化工等多个行业中，很多机械零部件都是由铁磁材料制成的，这些零部件通常在高温、高压、重载荷等恶劣环境中运行，如飞机、舰船、输油管道、火炮身管、装甲车辆履带、试验基地承压类特种设备等。由于冲击应力、疲劳、腐蚀、磨损或意外机械损伤等原因，在机械零部件的表面或内部会形成坑洞、裂纹等各种缺陷，如果不及时检测维修，必然会降低系统的安全性和可靠性，甚至会引发恶性事故。

无损检测方法就是在不损害或基本不损害材料或成品的情况下，利用材料内部结构异常或缺陷存在引起的热、声、光、电、磁等反应的变化，借助现代化的技术和设备器材，对试件内部及表面的结构、性知识、状态及缺陷的类型、性质、数量、形状、位置、尺寸、分布及其变化进行检查和测试的方法。无损检测是检验产品的质量、保证产品安全、延长产品寿命必要的可靠技术手段，在交通运输、冶金机械、石油化工、汽车、制造业、航空航天和国防工业等各个领域都有着广泛的应用。目前，无损检测主要有磁粉、涡流、超声、射线等检测方法，这些检测方法在保障设备安全可靠、预防突发事故等方面发挥了重要作用，但是上述方法主要是检测已经成形的宏观缺陷或者较为显著的微观缺陷，对于早期损伤，特别是未发展成型的、隐形的、连续变化的缺陷则无法检测。机械零部件的使用寿命可以分为物理作用或化学作用造成的早期微观损伤、宏观缺陷的萌生、宏观缺陷发展至失效这 3 个阶段，其中早期微观损伤阶段占据了整个服役寿命 90% 以上，而 80% 早期的微观损伤是由应力集中引起的[1]。因此，材料的早期微观损伤是引起构件失效，乃至突发事故的主要潜在危险源。

磁记忆技术不仅可以检测铁磁构件中正在发展或已形成的宏观缺陷，还可以发现以应力集中为特征的早期微观缺陷，被认为是目前对铁磁材料早期损伤诊断唯一可行的无损检测技术，能够及时发现在役设备的早期缺陷，防止突发性破坏事故的发生。同时，磁记忆技术还具有不需要对被测试件施加激励源和专门的表面处理等诸多优点，因此，一经提出就受到无损检测人员的广泛关注。

目前已有多家机构和单位开展了关于磁记忆技术理论和实验的研究工作，在机理和工程应用方面取得一定成果。但由于磁记忆现象产生的机理复杂，且检测信号微弱，易受多种因素干扰，目前，该技术主要用于一般性普查、找到可疑的缺陷位置，而无法对缺陷类型、形状等参数进行定量描述。

因此，本书围绕磁记忆缺陷检测定量化问题，从缺陷信号检测判断、测量信号处理以及缺陷定量化分析 3 个方面，对磁记忆检测技术中力-磁耦合关系变化特征、信号降噪处理方法、磁记忆信号测量及特征提取方法、损伤状态识别以及缺陷轮廓反演等内容进行研究，实现铁磁性金属材料早期损伤的定量诊断，为军用装备、特种设备和重要金属部件的质量检验、寿命评估与预测等奠定基础。

1.2 磁记忆检测技术研究现状

俄罗斯 Doubov 教授于 1994 年最早提出"金属磁记忆"的概念，在 1998 年美国第 50 届国际焊接学术会议上，以 Doubov 为代表的俄罗斯专家提出了"金属应力集中区-金属微观变化-磁记忆检测技术"相关学说，并向参会者介绍了与该学说相应的无损检测技术——金属磁记忆技术，因磁记忆检测方法具有的诸多优势以及在早期无损检测中的巨大潜力，引起了国际无损检测界的强烈反响[2]。

1999 年 10 月，在第七届全国无损检测学术年会上，Doubov 向中国学者介绍了磁记忆检测原理及其在管道、锅炉压力容器上的应用，引起国内同行关注。至此，国内学者将金属磁记忆作为一种无损检测新技术开始研究。目前，国内有清华大学、中国科学院电工研究所、国防科技大学、南昌航空大学、东南大学、南京航空航天大学、南京燃气轮机研究所、北京理工大学、北京交通大学、天津大学、爱德森电子有限公司等数十家单位相继开展了磁记忆技术相关研究工作。

作为一项涉及磁性物理学、铁磁学、材料弹塑性力学等多个学科的无损检测新技术，金属磁记忆检测技术在国内外受到了广泛地关注，经过 20 多年的研究和发展，金属磁记忆技术在理论研究和工程应用方面取得了很多成果。下面分别从磁记忆机理、信号特征提取、信号降噪、缺陷损伤状态识别，以及缺陷定量化等几个方面对金属磁记忆检测技术研究现状以及存在的问题展开介绍。

1.2.1 磁记忆机理研究现状

磁记忆机理研究主要是为了弄清磁记忆信号的物理本质，为磁记忆检测提供理论依据。众多学者从不同角度和方法对磁记忆机理问题进行了研究，但关于磁记忆信号的生成机理还未形成统一的定论，目前主要有以下几种理论。

1）基于磁弹性效应和磁机械效应的自有漏磁场理论

Doubov 教授认为金属磁记忆是一种后效应，是铁磁材料在弱磁场和载荷共同作用的结果。在工作载荷作用下，铁磁材料内部会形成位错稳定滑移带，从而在磁畴边界位置处则会出现高密度的位错聚集部位（位错势垒），导致材料缺陷或者异质点处磁畴发生不可逆变化。在循环载荷作用和外部磁场的激励下，位错聚集区域产生了磁荷堆积，进而引起在缺陷区域试件表面漏磁场明显的变化，这种漏磁场的变化在载荷卸除后不仅会保留，而且其程度和内应力大小及结构损伤有关。

2）基于能量最小原理的应力磁化理论

任吉林等[3]从能量平衡角度出发，根据系统达到最稳定平衡状态时系统自由能最小的原理，认为在应力和地磁场作用下，铁磁材料内部不均匀部位形成应力集中，并且产生很高的应力能，增加的应力能被磁弹性能消耗，驱使材料内部的磁畴发生不可逆的重新排布，在材料的应力集中区域形成一个明显的漏磁场。由于材料内部存在多种内耗，在载荷消除后，材料内部依然存在残余应力和应力集中区，畴壁的不可逆排列也会被保留，从而在应力集中区出现漏磁场。王国庆等[4]分别从宏观和微观的角度对应力作用下的铁磁体磁记忆信号特征进行分析，建立应力与材料磁化率及原子磁矩之间的理论关系模型。能量最小原理和漏磁场理论作为最基本理论被广泛运用于磁信号特征分析中，但只限于对磁记忆现象的定性分析。

3）基于电磁学的电磁感应学说

仲维畅[5]认为，当铁磁试件受到应力作用时，垂直于外磁场方向上试件横截面积出现应变，依次引起横截面上的磁通、磁感应电流、感应磁场的变化，由于磁化-退磁过程的非对称性产生了剩余磁感应强度，铁磁构件在地磁场中的摆动、振动、周期性往复平动和转动等都会引起剩余磁感强度提高，直至达到饱和值。

4）磁机械效应的应力等效场理论

关于铁磁材料在应力作用下产生磁效应的机理问题，Jiles D C 和 Atherton D L[6]提出了基于唯象理论的磁机械效应 J-A 模型，将应力的作用等效于一个外加磁场，通过磁畴和磁畴壁的运动解释力磁效应。Sablik 等在 J-A 模型的基础上，建立应力作用方向与外部磁场方向不同轴的情况下力磁耦合模型，J-A模型的理论基础是"有效场理论"和"理想磁滞回线"接近原理。周俊华等[7]根据等效场理论，模拟外部载荷作用下的试件内部应力分布以及金属杆件表面的等效场分布，解释了磁记忆信号法向分量过零点、切向分量取极大值的现象。Mingxiu X 等[8]利用接近原理解释了疲劳过程中磁记忆信号变得稳定的现象。时朋朋等[9]基于热力学理论，并结合不可逆磁化的接近原理，提出了微弱磁场下铁磁材料的应力磁化本构关系，实现了微弱磁场下铁磁材料应力磁化行为的准确描述。

5）应力方向的磁导率的变化

在应力作用下，铁磁材料的磁导率会发生变化，从而引起外磁场环境下构件的磁化状态和磁记忆信号变化。王威、常福清等[10, 11]从不同角度分析了应力对材料磁导率的影响，建立了磁导率随应力的变化关系。任尚坤等[12]根据应力的磁导率理论对拉伸实验中出现的磁化反转现象进行解释。郭联欢等[13]根据不同变形阶段材料的磁导率变化特征对不同变形阶段的试件表面磁记忆信号分布差异进行了解释。

6）位错、磁畴作用理论

铁磁性物理学指出铁磁性材料磁性变化的本质是磁畴结构的变化。Mirsa等[14]根据 Nabarro 构造与位错相关的电势函，从位错的膨胀度角度建立塑性变形和裂纹扩展阶段铁磁材料的漏磁场模型。Birss 等[15]认为磁机械效应的两种基本物理机制是应力对 90°畴壁产生的压力和应力能够引起大范围磁畴结构变化。陈曦等[16]利用粉纹法观察了不同应力作用下材料磁畴结构的变化，发现随着应力的增加材料，由以片状畴为主的磁畴结构逐渐变成迷宫畴为主的磁畴结构，磁畴壁的长度和宽度随应力改变都出现了较大变化。Notiji 等[17]认为材料处于不同阶段时会出现不同磁畴形状，从而导致磁化状态的差异，在塑性变形阶段，材料的表面会出现针状磁畴，并指出这种针状磁畴是应力引起的特有现象。

7）晶格畸变理论

杨理践等[18, 19]用量子力学理论对磁记忆信号的产生机理进行阐述，认为应力集中导致铁磁材料晶格畸变是磁记忆信号产生的主要原因。在拉伸应力作用下，材料的原子磁矩增加，导致材料的磁性增强，而在压缩应力作用下，原子磁矩则会减小，材料的磁性减弱，根据密度泛函理论的第一性原理计算方法，对金属磁记忆效应中的力-磁耦合关系进行了定量分析。刘斌等[20]采用 K_p 微扰算法，在 K 空间，通过有效玻尔磁子数 P 建立多元超原胞磁力学模型，计算在外界磁场作用下力-磁学定量变化关系。

从宏观唯象到微观机理，多位学者从不同角度对磁记忆物理机理进行研究和解释，使人们对磁记忆效应的物理本质和信号特征的认识逐渐深入。但就目前的研究而言，提出的理论多数只能解释磁记忆部分现象，还未能形成统一的、系统的理论。磁记忆信号是力、磁和材料微观结构等多种因素相互耦合影响的结果，而磁记忆检测中最为重要的是应力引起的磁记忆信号变化规律问题，因此，从磁记忆机理和工程应用角度出发，首先需要弄清影响力-磁耦合关系的因素及其主次关系，这样才能为磁记忆定量化检测提供可靠的理论依据。

1.2.2 磁记忆信号特征提取研究现状

磁记忆检测是通过测量试件表面漏磁场分布进行缺陷诊断的，在对试件中的应力集中等缺陷进行诊断之前，要先提取出能够表征缺陷的磁记忆信号特征，目前可作为缺陷信号特征的主要有以下几种。

1）磁记忆法向信号 $H_p(y)$ 过零点特征

Doubov 教授[21]提出将磁记忆信号的法向分量的过零点作为应力集中的标

志，但此特征自提出起一直存在争议，研究人员通过大量的试验发现，单纯通过法向分量过零点的特征判断应力集中位置并不可靠，法向信号有过零点位置未必存在应力集中缺陷，而存在应力集中的区域法向分量信号也未必有过零点特征。尹大伟等[22]通过对比试件在线和离线检测结果，认为试件在线检测时受环境磁场影响较大，过零点特征不能准确反映应力集中部位，而离线检测时试件表面漏磁场受环境磁场影响较小，过零点特征能够较好地反映应力集中部位；董丽红等[23]通过静载荷拉伸试验，发现构件受载荷作用大小变化时过零点位置并不是固定的，随着应力逐渐增大，过零点位置存在逐渐向最终断裂位置漂移的现象。与法向分量过零点特征类似的还有切向磁场取极值特征，也是作为判断应力集中的重要依据。磁场信号的零值点和极值点特征易受较多因素影响，工程检测中通常需要扣除加载前的初始磁场信号或者以光滑试件的磁记忆信号作为参考，才能提取到缺陷漏磁场信号的过零点和极值点特征，因此，该方法在实际应用中漏判和误判的可能性较大。

2）磁记忆信号 $H_p(y)$ 的梯度 $K = \mathrm{d}H_p(y)/\mathrm{d}x$

另一个判断依据是 Doubov 教授提出的 $H_p(y)$ 曲线最大梯度值 K_{max} 的位置，他认为在检测方向上应力变化越明显的区域，相应的磁场梯度值 K 也越大，并指出不同材料对应着不同的 K 值，超过某一阈值时即可判断为存在应力集中。邸新杰等[24]将焊接裂纹的磁记忆信号进行一阶微分后，发现磁场梯度信号的分布特征更加明显，便于缺陷信号的特征提取和识别；塞兴亮等[25]也认为背景磁场和构件本身形状引起的漏磁场容易淡化磁记忆信号分布特征，而磁场梯度信号分布更加陡峭，可以克服这一缺点；Roskosz 等[26]分别研究了磁场梯度值、等效残余应力，以及材料塑变形量的对应变化关系，研究认为磁场梯度的分布能够较好地表征残余应力分布；Huang 等[27]研究了在 Q235 钢的焊缝处，磁记忆法向信号的最大梯度值 K_{max} 与裂纹萌生长度的关系。

磁场梯度判据被认为是最能够反映力磁关系的特征值，在此基础上还有学者提出磁场分量或梯度的平均值、磁场梯度极大值与磁场梯度平均值的比值等类似的特征参数，但磁梯度参数容易受到噪声等因素干扰，仍然会存在一定的漏判和误检现象。

3）区域信号的最大值与最小值差 σ

区域信号差值法是通过选取一定宽度窗口进行滑移，计算窗口宽度内最大值与最小值之差，即 $\sigma = \max(H_p(y)) - \min(H_p(y))$。梁志芳等[28]认为 σ 是反映构件在所选区域的应力水平的物理量，不同材料的屈服极限和强度极限都对应着一个 σ 值，通过分析 σ 值可以判断焊接裂纹或者预报焊接裂纹的萌生及扩展，对构件的安全性进行评价。与之类似还有磁分量峰-峰值、磁梯度峰-峰值等特征[29]，利用曲线波峰处极大值与波谷处的极小值之差的这类特征，可以避免磁场分量或磁梯度幅值较大时的误判问题。

4）法向和切向磁记忆信号联合检测（李萨如图法）

李萨如图法同时采用法向和切向的磁记忆信号作为判定依据，对应力集中部位及应力集中程度进行评价。李萨如图法即以磁记忆信号法向分量作为横坐标，切向分量作为纵坐标，绘制其法向与切向联合检测图。任吉林等[30]指出，当被测试件存在应力集中等缺陷时，磁记忆信号法向和切向分量会在应力集中区域出现极值状态，联合切向和法向磁场分量绘制的联合检测图（李萨如图）则会出现封闭区域，并且封闭区域的面积大小与应力集中程度相关，利用封闭区域以及封闭区域面积大小可以对应力集中位置和应力集中程度做出相应的判断，与之对应的还有磁场梯度联合检测图特征。

5）Lipschitz 指数法

曲线某一点处 Lipschitz 指数反映该点位置的奇异性，Lipschitz 指数 α 值越大说明该点处曲线变化越光滑，而 α 值越小说明该点处奇异性越大，相应的曲线突变越明显。王继革等[31]对磁记忆信号做连续小波变换后线性拟合后得到 Lipschitz 指数 α，认为在局部区域内小于设定的奇异性指数值的位置均可判断为存在故障。与 Lipschitz 指数方法类似的还有王长龙等[32]提出基于 S 变换定位方法，在结合短时傅里叶变换和连续小波变换的基础上定义瞬时能量概念，通过分析磁记忆信号瞬时能量分布特征找到信号突变位置，进而判断缺陷位置和缺陷危险程度。

6）分形维数

分形维数用来反映复杂形状不规则的量度。邸新杰等[33]认为磁记忆信号属于一种无规则的分形信号，而且磁记忆信号的不规则程度与材料内部的应力水平有关。对于铁磁材料系统而言，在没有外加载荷作用时，磁记忆信号的盒维数达到最大值；当试件受到载荷应力作用后，随着拉伸载荷的不断增加，试件表面磁记忆信号的分形维数逐渐减小；当试件进入弹塑性的临界阶段时，试件表面磁记忆信号分形维数发生陡降；当试件完全进入塑性阶段以后，此时试件表面磁记忆信号的分维数趋于稳定。与该特征相似还有将信息熵引入磁记忆信号分析中，如邢海燕等[34]提取的磁记忆信号幅值谱熵、奇异谱熵、功率谱熵、小波空间谱熵等特征对焊接裂纹进行诊断。

目前缺陷磁参数特征值提取方法主要依据单一方向或者两个方向上的磁场信号，提取磁场信号分布变化特征或者信号曲线变化不规则程度，这样存在以下两点不足：一是单一方向磁场信号只能反映缺陷的部分信息，基于单个磁场分量信号提取缺陷特征时，割裂了各个方向上磁场信息之间的联系，不能充分反映磁记忆信号空间分布变化特征；二是漏磁场是一个三维空间变化的信号，测得的磁场信息与检测方向和缺陷的夹角有关，而实际检测中无法提前知道缺陷的形状、位置及分布等信息，当缺陷与检测方向夹角变化时，检测结果也会发生变化，影响了损伤判断的可靠性。

1.2.3　磁记忆信号降噪方法研究现状

磁记忆信号是微弱的空域信号，在信号的检测过程中，容易受现场测试环境、被检测对象表面粗糙度等因素影响，测量得到的磁记忆信号中往往包含大量的干扰噪声，如果直接用于信号特征提取和缺陷识别，会严重影响结论的正确性。因此，在提取磁记忆信号特征之前需要对磁记忆检测信号进行降噪处理。针对磁记忆信号降噪问题，目前主要有小波阈值滤波和经验模态分解（EMD）滤波这两类方法。

小波变换具有"数学显微镜"和多分辨率的特性，因此被广泛应用在磁记忆信号降噪处理中，如：任吉林等[35]通过对磁记忆信号进行小波分解，设置小波阈值函数进行信号重构和降噪；针对传统阈值法中小波系数容易存在偏差、重构信号振荡等问题，易方等[36]将改进小波阈值数，对输油管道的磁记忆检测信号进行降噪处理；王长龙等[37]提出了自适应小波阈值算法，设计自适应小波阈值函数对装甲车甲板磁记忆信号进行降噪处理，提高磁记忆信号的信噪比；张军等[38]采用平稳小波变换对磁记忆信号进行分解，通过自适应阈值消噪提高磁记忆的信噪比。

小波降噪方法对白噪声有较强的抑制能力，能够基本消除磁记忆信号中随机噪声的干扰，但小波降噪的效果与小波参数的选择有关，当噪声类型和强度发生变化时，重新选择合适的小波参数时存在一定的困难。与小波分析方法相比，经验模态分解（EMD）方法突破了信号处理"先验"缺陷，依赖于信号本身进行自适应分解，无需设定任何基函数，且有较高的时频分辨率。因此，有许多学者将 EMD 分解降噪方法应用在磁记忆信号降噪处理中，如：Leng 等[39]将自适应分解方法 EMD 分解对磁记忆信号进行处理，与小波变换相比降噪效果较理想；EMD 分解降噪方法适用于磁记忆信号的预处理，但当待分解信号中存在较强的脉冲干扰噪声时，EMD 分解得到的各模态分量容易出现频率上的重叠和产生虚假分量，给进一步消除干扰噪声增加了难度。

信号降噪是磁记忆信号处理的一个重要步骤，磁记忆检测信号属于非线性变化的弱磁信号，受测试环境等因素影响，其噪声的成分比较复杂。目前的磁记忆降噪方法主要是研究消除随机干扰噪声，当信号中含有脉冲干扰噪声时，则会严重影响降噪效果，而且信号降噪的处理过程是针对单个方向磁场信号逐个进行的，不利于保留磁记忆信号的细节变化信息。

1.2.4　缺陷损伤状态识别研究现状

铁磁构件在服役期间产生的缺陷其状态可分为应力集中和裂纹两种形式，损伤状态的识别就是为了区分裂纹和应力集中缺陷，为进一步的磁记忆缺陷定量化检测分析奠定基础，也为快速判断缺陷的危害程度提供参考。针对磁记忆检测缺陷的损伤状态识别问题，目前主要采用阈值分类和机器学习分类这两种方法。

1）阈值分类方法

阈值分类方法也称门限法，主要是通过对比一个或多个磁信号特征值与预先设定的阈值，判断试件的损伤状态。如：苏雪梅等[40]对42CrMo钢缺口试件进行了拉、扭试验，分析磁记忆梯度信号的变化趋势，发现试件裂纹萌生处的磁记忆信号会发生突变，同时磁记忆梯度达到最大值；邢海燕等[41]基于磁梯度的李萨如图提取焊缝损伤特征，认为试件出现宏观断裂时，李萨如图局部闭合面积达到最大值；Yan等[42]采用磁记忆信号梯度K值特征识别炉管疲劳损伤区域，当K值大于$12A/(m \cdot mm)$时，则认为炉管出现裂纹缺陷。针对单个磁信号特征参数表征缺陷损伤状态不全面的缺点，黄海鸿等[43]用法向磁场峰-谷值$\Delta H_p(y)$和梯度最大值K_{max}表征510L钢疲劳损伤，磁场峰-谷值$\Delta H_p(y)$和梯度最大值K_{max}表征缺陷，并指出宏观裂纹处磁场峰-谷值$\Delta H_p(y)$和梯度最大值K_{max}都要明显高于应力集中处；张军等[44]对油田套筒检测过程中，发现金属磁记忆技术不仅可以检测异常应力集中区，也可以检测出现的裂纹，而两种缺陷的主要区别是裂纹缺陷的磁记忆信号梯度值和信号的峰-峰值更大；徐坤山等[45]通过对比多组不同类型的焊缝缺陷区域磁记忆信号及其梯度的平均值、最大值、磁场曲线所围面积等6个参量差异，发现焊接缺陷处的磁场梯度平均值K_{ave}、最大值K_{max}以及梯度曲线所围面积$S(K)$明显大于焊接残余应力缺陷部位。任尚坤等[46]用磁场矢量梯度积分特征和磁场矢量合成梯度特征来评价焊板的疲劳损伤过程，消除了检测方向等因素对信号的影响。

阈值分类方法主要根据不同损伤状态下缺陷区域一个或多个磁信号特征参数大小的差异，选取合适的磁特征参数阈值进行缺陷损伤状态识别。但需要注意的是，不同类型缺陷的磁特征参数大小差异只是在特定环境下一种相对的情形，针对不同环境、不同检测对象缺陷分类时，阈值的选取还只能依靠大量的标定实验或操作人员经验，而且缺陷分类的结果甚至会出现相互矛盾的现象，因此，阈值分类法在工程应用中受到的限制条件较多。

2）机器学习分类方法

机器学习方法即利用多个缺陷试件样本，将磁记忆信号的一个或多个参数特征值作为输入参量进行机器学习，实现损伤状态的智能识别。如：邸新杰等[47]将磁记忆信号的小波包能量特征作为BP神经网络输入特征量，对焊缝中的裂纹缺陷进行智能识别；王慧鹏等[48]通过将异变信号峰-峰值、异变峰宽度等参量作为网络的输入特征量，对42CrMo钢的应力集中程度和裂纹进行定量识别；刘书俊等[49]将信号峰-峰值、谷-谷值、磁场梯度、检测信号宽度作为神经网络输入特征量，对油气管道缺陷类型识别；邢海燕等[50]利用磁记忆信号区域峰-峰值、法向梯度、信号强度变化率、信号能量等作为特征量，利用遗传神经网络对焊接

8

缺陷进行分类。焦江娜[51]将磁场切向、法向分量最大值和最小值等 6 个参量作为 BP 网络输入，对缺陷个数、类型和埋深等多个参数进行识别；易方等[52]选用小波包频带能量增量、修正傅里叶系数、区域信号的峰-峰值、磁场切向分量梯度和磁场法向分量梯度等 5 维特征向量作为构建的向量机分类器输入向量，对应力集中、微观缺陷、宏观缺陷进行识别。李思岐等[53]建立了基于支持向量的缺陷磁记忆定量反演模型，解决了焊缝缺陷多维尺寸反演中解的不确定性带来精度低的难题。

机器学习方法综合利用多个磁信号特征，降低了漏判、误判的偶然性，但机器学习法的识别效果与训练样本数量、质量以及选取的特征量有关，且不同检测对象之间的通用性较差。

磁记忆信号受因素影响较多，如载荷、材料组织、缺陷的类型与大小、热处理方式、加工磁化以及环境磁场等多个因素都会对磁记忆信号有一定的影响，甚至是相同类型的缺陷在相同类型试件上产生的磁记忆信号都存在巨大差异。由于准确提取能够反映缺陷损伤状态的磁参数特征这一关键问题还未得到很好的解决，目前磁记忆检测技术还是主要用来发现可能存在缺陷的位置，还需要其他检测方法配合才能确定缺陷类型，这很大程度上限制了磁记忆检测技术应用范围。

1.2.5 缺陷定量化检测研究现状

如图 1-1 所示，磁记忆缺陷定量化检测包括正演和反演两个过程：正演过程即在缺陷参数已知的情形下建立缺陷模型分析磁记忆信号分布；反演即由给定的磁记忆信号和缺陷模型给出铁磁材料中缺陷参数估计值。磁记忆检测的正演和反演的核心问题是将缺陷特征参数与试件表面磁记忆信号联系起来，建立合适的磁记忆检测缺陷模型。目前研究主要从基于经典理论的缺陷模型仿真计算和基础性实验研究两个途径来分析和建立缺陷参数与磁记忆信号之间的定量关系。

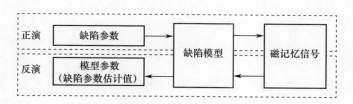

图 1-1　磁记忆检测定量化分析过程

1）基于经典理论的缺陷模型研究

基于经典理论的缺陷模型研究主要是结合磁记忆信号特点，对现有经典物理理论模型进行改进，通过改变模型特征参数（与缺陷参数相对应）来计算分析磁记忆信号变化，由此得到磁记忆信号特征参数与缺陷参数之间的定量变化关系。

由于磁偶极子模型简单、物理意义明确、易于求解，很多学者将磁偶极子模型应用到磁记忆信号仿真分析中，如：Wang 等[54]利用磁偶极子模型，仿真分析了应力集中与磁记忆信号分布的对应关系；王朝霞等[55]考虑环境磁场因素，利用磁偶极子模型分析管类试件的线状缺陷与漏磁场分布关系；Shi 等[56]研究了磁偶极子三维模型，得到的磁记忆信号更加准确；庞煜[57]利用磁偶极子模型模拟磁记忆信号，分析传感器提离值、缺陷深度、宽度等参数对磁记忆信号的峰值、半峰宽度和峰值位置等特征的影响。磁偶极子模型在分析缺陷与磁记忆信号分布的空间对应关系上取得了一些成功，但需要注意的是，在磁记忆检测中试件的磁化状态并不确定，在缺陷界面处磁荷的分布又难以定量化实验确定，而且应力集中等微观缺陷中没有明显的强断裂面，因此，在分析应力集中、微观裂纹等局部塑性变形缺陷时，传统的磁偶极子模型还存在一定局限性。

磁记忆检测研究更多关心的是应力对材料磁性特征的影响，磁机械效应理论是目前关于力-磁关系研究较为系统理论，而磁机械效应理论研究中最引人关注的成就之一就是 Jiles 和 Atherton 提出的 J-A 模型。因此，很多学者将 J-A 模型应用到在磁记忆研究定量化理论分析中，如：Li 等[58]利用改进 J-A 模型描述了材料塑性变形量和磁记忆信号变化量之间的关系；Xu 等[59]利用磁偶极子模型描述的试件表面磁场的分布，再用改进 J-A 模型推导试件疲劳过程中磁荷密度变化情况，从而得到磁记忆信号与应力、材料损伤情况、裂纹影响因子之间的量化关系式。J-A 模型将应力等效成外磁场加以考虑，主要用于描述材料弹性变形阶段的力磁变化关系，很多学者尝试对 J-A 模型进行改进，以便用于塑性变形阶段材料磁性特征的描述，但由于铁磁材料的力-磁耦合属于一类强耦合效应，在准确描述材料塑性变形时的磁特征变化还存在很大的难度。

此外，还有周俊华[60]根据唯象理论，建立了漏磁场数学模型；宋凯等[61]根据能量平衡原理建立了应力集中区域或微观损伤区域磁场变化的磁畴聚合模型；任尚坤等[62]根据应力的磁导率理论建立了应力磁效应数学模型；王丹等[63]根据磁畴理论，从漏磁的角度建立了缺陷漏磁场分布模型。这些模型可分析缺陷参数和磁记忆信号之间的关系。

在利用经典物理模型研究磁记忆缺陷模型的同时，很多研究人员借助有限元软件开展磁记忆相关定量化理论分析，如：张英等[64]利用软件对典型构件进行了弹塑性有限元分析，通过对加载铁磁构件表面漏磁场的测量，验证应力集中与磁记忆效应之间的规律；苏三庆等[65]利用有限元软件，对受静力场作用以及受环境磁场和自身剩磁共同作用下钢丝绳单丝的三维磁场分布，分析法向漏磁场及梯度随应力载荷的变化规律；Yao 等[66]考虑在应力对磁导率影响的基础上，利用有限元软件分析应力集中宽度、深度、位置、传感器提离值等向对磁记忆信号幅值、宽度等参数的影响进行分析；李龙军等[67]在基于 Jiles 力磁耦合准则的基础上，利用有限元软件建立了二维和三维力磁耦合模型，分析应力、微观缺陷长度、深度及扫描路径试件表面磁记忆影响信号的影响规律。基于麦克斯韦电磁理论的有限元软件分析方法，可对不同类型缺陷的磁记忆信号进行仿真计算，但很难得到缺陷区域磁记忆信号分布的解析表达式，而且在计算磁场的过程中，通常还需要对一些条件进行简化和假设。

2）基础性实验研究

由于磁记忆检测的基础性理论还不完善，根据经典理论模型建立磁记忆信号与应力集中、塑性变形等缺陷参数之间关系相对困难，许多课题组采用标样法研究缺陷参数与磁记忆信号影响规律，即通过大量的基础性实验，获取缺陷参数与磁记忆信号之间的离散对应关系。

在力学实验研究方面，主要研究在静载荷（拉伸、挤压、弯曲、扭转等受力形式）和动态循环载荷下，试件弹性、塑性等不同变形阶段磁记忆信号的变化规律，但从实验结果上来看，磁记忆信号随应力的变化却是多样的。

在进行静载荷时，按照试件初始磁化状态可分为未退磁试件（有一定的初始磁化强度）和退磁试件（初始磁化强度接近为零）。关于未退磁试件表面磁信号在弹性和塑性阶段的变化趋势，现有报道中出现诸多不一样的结果，如：袁俊杰等[68]静载拉伸实验结果，显示试件的一端磁信号 $H_p(y)$ 随应力增加而下降，而另一端随应力增加而上升；于凤云[69]对 45#钢试件进行单轴拉伸实验，结果显示，弹性阶段磁化强度减少，塑性阶段变化复杂；王朝霞等[70]对压力管道进行的三点弯曲实验，结果显示随着载荷的增大，弹性阶段磁场值减少，塑性阶段磁信号的变化幅度变小；董丽红等[71]指出了磁信号弹性阶段增加减弱的说法不一，但在塑性变形阶段，磁信号保持稳定无较大数值变化；张卫民等[72]总结多种实验结果，给出了磁记忆信号在弹性阶段呈现上升或下降，但无论是上升还是下降，到了塑性阶段磁记忆信号的变化呈现与弹性阶段相反的变化趋势的结论。如果将未退磁试件的磁记忆信号减去初始磁信号，那么相减后信号变化规律与退磁试件的磁记忆信号变化规律在理论上是一致的，其信号梯度 K 的变化反映了应力状态的变化，但对 K 值的研究结论并不一致，如：文献［73］研究结果显示梯度 K 在弹性范围内接近线性单调增加，在屈服点达到最大值，塑性阶段随着应力的增加而减少；Jian 等[74]认为在线检测时磁场梯度与应力之间没有明确关系，离线检测时试件颈缩前的磁场梯度与最大应力之间一直具有线性关系。上述研究中，无论加载前试件是否经过退磁处理，断裂瞬间均有一致的表现：裂纹断口处磁信号强度激增，且两端极性相反，呈明显的漏磁缺陷信号曲线特征。段振霞等[75]对不同初始磁化状态的试件进行了静载拉伸试验，认为初始磁化状态对构件的最后的磁记忆信号有着关键性的影响，利用磁记忆检测方法进行应力定量化分析时，试件初始磁化状态因素不可忽略。

相对于简单的静载应力状态，循环应力状态与磁信号变化特征的关系则相对比较简单，按照疲劳的实验过程大致可分为初始加载，稳定阶段，裂纹萌生和扩展断裂这几个阶段。看法比较一致的是磁记忆信号在最初的几个循环周次快速变化，随后在稳定阶段内信号变化不大，疲劳后期断裂萌生阶段发生突变。存在争议的是裂纹萌生之后阶段，有研究认为磁信号萌生后随裂纹扩展而逐渐增加，也有研究认为即使出现宏观裂纹后磁信号仍没有显著变化。

除了实验研究应力与磁记忆信号定量关系之外，还有一些关于缺陷尺寸与磁记忆信号参数关系的实验研究报道，这些实验主要是测量裂缝深度、刻伤宽度和深度、圆孔直径等不同缺陷尺寸参数时的磁记忆信号参数，然后依据实验数据对缺陷尺寸参数与磁记忆信号参数之间的关系进行拟合，以期达到定量化检测的目的。

基础性实验研究为磁记忆理论提供了大量实验数据，对推进磁记忆技术工程应用做出了有利尝试，但是这方面的研究主要根据实验数据提出经验模型，由于不同实验的实验环境、试件材料和应力加载方式等有所区别，加上模型的理论基础不足，实验得到经验模型在推广和应用上还存在很多限制。

以上研究主要集中在缺陷参数的定量分析方面，随着缺陷定量化研究技术的发展，不仅要求能够确定缺陷参数，而且要将缺陷的分布情况，例如应力分布范围、裂纹的轮廓等信息，转化为人的视觉可以感受的图形和图像形式，在屏幕上直接显示出来，实现缺陷的可视化。

综上所述，金属磁记忆检测技术作为一项涉及多门学科的无损检测新技术在国内外受到了广泛地关注，经过多年的探讨和研究取得了一定的可喜成果[76]，在很多领域发挥着不可替代的作用。但是应用于铁磁性材料损伤检测的金属磁记忆技术目前尚处于探索发展阶段，要作为一项成熟的检测技术，金属磁记忆检测在微观机理、力-磁效应本质、缺陷磁特征参数提取，以及缺陷可视化等方面还存在着许多需要解决的问题。

参 考 文 献

[1] 杨理践，刘斌，高松巍，等．基于密度泛函理论的磁记忆信号产生机理研究 [J]．仪器仪表学报，2013，34（4）：809-816．

[2] 任吉林，刘海朝，宋凯．金属磁记忆检测技术的兴起与发展 [J]．无损检测，2016，38（11）：15-18，20．

[3] 任吉林，邬冠华，宋凯，等．金属磁记忆检测机理的探讨 [J]．无损检测，2002，24（1）：29-31．

[4] 王国庆，杨理践，刘斌．基于磁记忆的油气管道应力损伤检测方法研究 [J]．仪器仪表学报，2017，38（2）：271-278．

[5] 仲维畅．金属磁记忆法诊断的理论基础 [J]．无损检测，2001，23（10）：424-426．

［6］ Jiles D C, Atherton D L. Theory of fenomagnetic hysteyesis［J］. Journal of Magnetization and Magnetic Materials, 1986, 61（1-2）: 48-60.

［7］ 周俊华, 雷银照. 正磁致伸缩铁磁材料磁记忆现象的理论探讨［J］. 郑州大学学报（工学版）, 2003, 24（3）: 101-105.

［8］ Mingxiu X, Minqiang X, Jianwei L, et al. Metal magnetic memory field characterization at early fatigue damage based on modified J-A model［J］. Journal of Central South University of Technology, 2012, 19（6）: 1488-1496.

［9］ 时朋朋, 张鹏程, 金科, 等. 铁磁材料力磁耦合本构模型与微磁检测的定量化理论［C］. 2018 远东无损检测新技术论坛论文集, 2013: 779-785.

［10］ 王威. 钢结构磁力耦合应力检测基本理论及应用技术研究［D］. 西安: 西安建筑科技大学, 2005.

［11］ 常福清, 刘东旭, 刘峰. 磁记忆检测中的力-磁关系及其实验观察［J］. 实验力学, 2009, 24（4）: 367-373.

［12］ 任尚坤, 周莉, 付任珍. 铁磁试件应力磁化过程中的磁化反转效应［J］. 钢铁研究学报, 2010, 22（12）: 48-52.

［13］ 郭联欢, 李著信, 苏毅, 等. 拉应力对管线钢磁导率及磁记忆信号的影响［J］. 后勤工程学院学报, 2011, 27（6）: 21-25, 30.

［14］ Misra A, Prasad R C, Chauhan V S, et al. A theoretical model for the electromagnetic radiation emission during plastic deformation and crack propagation in metallic materials［J］. International Journal of fracture, 2007, 145（2）: 99-121.

［15］ Birss R R, Faunce C A, Isaac E D. Magnetomechanical effect in iron and iron-carbon alloys［J］. Journal of Physics D Applied Physics, 1971, 4（7）: 1040-1048.

［16］ 陈曦, 任吉林, 王为兰, 等. 金属磁记忆微观机理试验研究［J］. 南昌航空工业学院学报（自然科学版）, 2006, 20（3）: 45-49.

［17］ Notoji A, Hayakawa M, Saito A. Strain-magnetization properties and domain structure change of silicon steel sheets due to plastic stress［J］. IEEE Transactions on Magnetics, 2000, 36（5）: 3074-3077.

［18］ 杨理践, 刘斌, 高松巍, 等. 金属磁记忆效应的第一性原理计算与实验研究［J］. 物理学报, 2013, 62（8）: 086201（1-7）.

［19］ 王国庆, 杨理践, 闫萍, 等. 基于 OLCAO 算法金属塑性变形磁记忆信号特征研究［J］. 机械工程学报, 2017, 53（22）: 22-29.

［20］ 刘斌, 何璐瑶, 霍晓莉, 等. 基于 Kp 微扰算法的磁场中 MMM 信号特征的研究［J］. 仪器仪表学报, 2017, 38（1）: 151-157.

［21］ Doubov A A. The express technique of welded joints examination with use of metal magnetic memory［J］. NDT & E International, 2000, 33（6）: 351-362.

［22］ 尹大伟, 徐滨士, 董世运, 等. 不同检测环境下磁记忆信号变化研究［J］. 兵工学报, 2007, 28（3）: 319-323.

［23］ 董丽红, 徐滨士, 董世运, 等. 拉伸载荷作用下中碳钢磁记忆信号的机理［J］. 材料研究学报, 2006, 20（4）: 440-444.

［24］ 邸新杰, 李午申, 白世武, 等. 焊接裂纹的金属磁记忆定量化评价研究［J］. 材料工程, 2006（7）: 56-60.

［25］ 塞兴亮, 周克印. 基于磁场梯度测量的磁记忆试验［J］. 机械工程学报, 2010, 46（4）: 16-21.

［26］ Roskosz M, Gawrilenko P. Analysis of changes in residual magnetic field in loaded notched samples［J］. NDT&E International. 2008, 41（7）: 70-576.

［27］ Huang H H, Qian Z C, Yang C, et al. Magnetic memory signals of ferromagnetic weldment induced by dynamic bending load [J]. Nondestructive Testing and Evaluation, 2017, 32 (2): 166-184.

[28] 梁志芳, 李午申, 王迎娜, 等. 金属磁记忆信号的零点特征 [J]. 天津大学学报, 2006, 39 (7): 847-850.

[29] 孙艳婷. 金属管道裂纹的金属磁记忆定量化评价方法研究 [D]. 北京: 北京化工大学, 2011.

[30] 任吉林, 王进, 范振中, 等. 一种磁记忆检测定量分析的新方法 [J]. 仪器仪表学报, 2010, 31 (2): 431-435.

[31] 王继革, 王文江, 郭爽. 金属磁记忆信号特征量提取中的 Lipschitz 指数法 [J]. 无损检测, 2008, 30 (8): 494-497.

[32] 王长龙, 朱红运, 陈海龙, 等. 基于 S 变换的铁磁材料缺陷定位 [J]. 中国测试, 2016, 42 (7): 15-19.

[33] 邸新杰, 李午申, 白世武, 等. 金属磁记忆信号关联维数与应力关系 [J]. 北京科技大学学报, 2007, 29 (11): 1101-1104.

[34] 邢海燕, 葛桦, 韩亚潼, 等. 基于熵带与 DS 理论的焊缝等级磁记忆量化评价 [J]. 仪器仪表学报, 2016, 37 (3): 610-616.

[35] 任吉林, 范振中, 陈曦, 等. 基于小波包变换的磁记忆信号特征值的提取 [J]. 无损检测, 2008, 30 (9): 580-582.

[36] 易方, 李著信, 苏毅, 等. 基于改进型小波阈值的输油管道磁记忆信号降噪方法 [J]. 石油学报, 2009, 35 (5): 673-683.

[37] 王长龙, 朱红运, 徐超, 等. 自适应小波阈值在磁记忆信号降噪处理中的应用 [J]. 系统工程与电子技术, 2012, 34 (8): 1555-1559.

[38] 张军, 朱晟桢, 毕贞法, 等. 基于金属磁记忆效应的高铁轮对早期故障检测 [J]. 仪器仪表学报, 2018, 39 (1): 162-169.

[39] Leng J C, Xu M X, Zhang J Z. Application of empirical mode decomposition in early diagnosis of magnetic memory signal [J]. Journal of Central South of Technology, 2010, 17 (3): 549-553.

[40] 苏雪梅, 樊建春, 张仁庆, 等. 钻具材料疲劳损伤的磁记忆检测试验研究 [J]. 中国安全科学学报, 2012, 22 (8): 138-143.

[41] 邢海燕, 王犇, 王学增, 等. 基于双正交法的焊缝早期隐性损伤临界状态磁记忆特征 [J]. 机械工程学报, 2015, 51 (16): 71-76.

[42] Yan T J, Zhang J D, Feng G D, et al. Early inspection of wet steam generator tubes based on metal magnetic memory method [J]. Procedia Engineering, 2011, 15 (1): 1140-1144.

[43] 黄海鸿, 刘儒军, 张曦, 等. 面向再制造的 510L 钢疲劳裂纹扩展磁记忆检测 [J]. 机械工程学报, 2013, 49 (1): 135-141.

[44] 张军, 王彪. 金属磁记忆检测中应力集中区信号的识别 [J]. 中国电机工程学报, 2008, 28 (18): 144-148.

[45] 徐坤山, 仇性启, 姜辉, 等. 20 钢焊接缺陷磁记忆信号分析 [J]. 焊接学报, 2016, 37 (3): 13-21.

[46] 任尚坤, 祖瑞丽. 基于磁记忆技术对含缺陷焊缝的疲劳试验 [J]. 航空学报, 2019, 40 (3): 1-12.

[47] 邸新杰, 李午申, 白世武, 等. 焊接裂纹金属磁记忆信号的神经网络识别 [J]. 焊接学报, 2008, 29 (3): 13-16.

[48] 王慧鹏, 董丽虹, 董世运, 等. 基于磁记忆的应力集中神经网络识别 [J]. 理化检验 (物理分册), 2013, 49 (9): 576-579.

[49] 刘书俊, 蒋明, 张伟明, 等. 基于 BP 神经网络的油气管道缺陷磁记忆检测 [J]. 无损检测, 2015, 37 (7): 25-28.

[50] 邢海燕, 葛桦, 秦萍, 等. 基于遗传神经网络的焊缝缺陷等级磁记忆定量化研究 [J]. 材料科学与

工艺，2015，23（2）：33-38.

［51］焦江娜．基于磁记忆的金属管道损伤检测及评估方法研究［D］．哈尔滨：哈尔滨工业大学，2016.

［52］易方，李著信，吕宏庆，等．基于模糊核支持向量机的管道磁记忆检测缺陷识别［J］．石油学报，2010，31（5）：863-866，870.

［53］李思岐，俞洋，党永斌，等．基于改进的支持向量回归机算法的磁记忆定量化缺陷反演［J］．工程科学学报，2018，40（9）：1123-1130.

［54］Wang Z D, Yao K, Deng B, et al. Theoretical studies of metal magnetic memory technique on magnetic flux leakage signals［J］. NDT&E International. 2010, 43（4）: 354-359.

［55］王朝霞，张卫民，宋金刚，等．弱磁场下管件表面磁场的分布特征［J］，无损检测，2007，29（8）：437-439.

［56］Shi P P, Zheng X J. Magnetic charge model for 3D MMM signals［J］. Nondestructive testing and evaluation，2016, 31（1）: 45-60.

［57］庞煜．铁磁构件磁记忆检测方法研究［D］．天津：天津大学，2015.

［58］Li J W, Xu M Q, Leng J C, et al. Investigation of the variation in magnetic field induced by circle tensile-compressive stress. Insight［J］. 2011, 53（9）: 487-450.

［59］Xu M X, Xu M Q, Li J W, et al. Discuss of using jiles-atherton model to characterize magnetic memory effect［J］. Journal of Applied Physics. 2012, 112（9）: 401-405.

［60］周俊华．磁记忆检测的机理研究［D］．郑州：郑州大学，2003.

［61］宋凯，任吉林，任尚坤，等．基于磁畴聚合模型的磁记忆效应机理研究［J］．无损检测，2007，29（6）：312-314，361.

［62］任尚坤，李新蕾，任吉林，等．金属磁记忆检测技术的物理机理［J］．南昌航空大学学报（自然科学版），2008，22（2）：11-17.

［63］王丹，董世运，徐滨士，等．静载拉伸45钢材料的金属磁记忆信号分析［J］．材料工程，2008，（8）：77-80.

［64］张英，宋凯，任吉林，等.ANSYS软件在金属磁记忆检测中的应用［J］．无损检测，2004，26（5）：217-220.

［65］苏三庆，马小平，王威，等．基于ANSYS有限元模拟的钢丝绳单丝拉伸力-磁耦合研究［J］．西安建筑科技大学学报（自然科学版），2017，49（3）：309-316，331.

［66］Yao K, Deng B, Wang Z D. Numerical studies to signal characteristics with the metal magnetic memory-in plastically deformed samples［J］. NDT&E International，2012, 47（4）: 7-17.

［67］李龙军，王晓峰，杨宾峰，等．基于力磁祸合的金属磁记忆检测机理与仿真［J］．空军工程大学学报，2012，13（3）：85-89.

［68］袁俊杰，张卫民，王朝霞，等．螺纹传动件的金属磁记忆检测方法研究［J］．制造业自动化，2006，28：199-203.

［69］于凤云．拉应力引起的磁记忆特性及其与检测时间的关系［J］．黑龙江科技学院学报，2007，17（2）：126-128.

［70］王朝霞，刘红光．弯曲载荷下压力管道的磁记忆效应研究［J］．无损检测，2009，33（3）：14-17.

［71］董丽红，徐滨士，董世运，等．金属磁记忆技术检测低碳钢静载拉伸破坏的实验研究［J］．材料工程，2006，3：40-43.

［72］张卫民，袁俊杰，王朝霞，等．螺纹连接承载过程的力-磁关系研究［J］．中国机械工程，2009，20（1）：34-37.

［73］Dong L H, Xu B S, Dong S Y, et al. Stress dependence of the spontaneous stray field signals of ferromagnetic steel［J］. NDT&E International，2009, 42（4）: 323-327.

［74］Jian X L, Jian X C, Deng G Y. Experiment on relationship between the magnetic gradient of low-carbon steel and its stress［J］. Journal of Magnetization and Magnetic Materials, 2009, 321: 3600-3606.

［75］段振霞，任尚坤，祖瑞丽，等．初始磁化状态对磁记忆信号的影响［J］．南昌航空大学学报（自然科学版），2016，30（4）：38-43.

［76］钱正春，黄海鸿，韩刚，等．面向再制造的金属磁记忆检测技术研究综述及工程应用案例［J］．机械工程学报，2018，54（17）：235-245.

16

第 2 章　磁记忆检测原理

2.1　概述

随着无损检测技术的发展，新兴的金属磁记忆检测技术受到了国内外研究者的高度关注。该技术通过对漏磁场的检测判断构件是否存在应力集中以及微观缺陷，从而达到早期诊断的目的。磁记忆检测技术的核心机理是应力的磁效应，即在应力作用和试件磁性特征发生变化条件下的磁化效应。为了深入理解应力的磁效应，本章介绍了磁性物质的分类、性质，以及铁磁性物质的磁化效应，最后阐述了磁记忆检测的基本原理，为后续研究奠定基础。

2.2　物质的磁性及其分类

2.2.1　物质的磁性

当某种物质放置在空间磁场中，由于受到物质的影响，磁场会发生一定的变化，即在空间磁场的影响下，磁场中的物质会被磁化，表现出部分磁性特征。自然界中所有物质都具有磁性，它是物质的基本属性之一，但大多数物质的磁性都很弱，只有极少数物质的磁性较强，能够被使用的磁性材料更少[1]。从宏观角度来看，整个系统的能量会随着空间磁场的变化而改变，即物体会表现出磁性；从微观角度来看，当物质中带电粒子形成的原磁矩取向有序时，物体对外就会展现出一定的磁性。

物质是由原子组成的，而原子是由原子核和环绕原子核运动的电子组成，电子在做环绕运动的同时也进行自旋运动。电子在环绕原子核运动时会产生轨道磁矩，而电子本身的自旋运动会产生自旋磁矩，轨道磁矩和自旋磁矩共同构成了物质的磁性[2,3]。通常情况下，物体不表现出磁性，即轨道磁矩和自旋磁矩的和为零。当有外部磁场作用在物体上时，物质将会被磁化，从而获得磁矩，对外将显示出磁性。物质的磁化强度和外加磁场的关系式为

$$M = \chi H \tag{2-1}$$

式中：M 为磁化强度（单位体积的磁矩）；χ 为物质的磁化率，它能够反映物体被磁化的难易程度，表示单位磁场强度作用下物体中的磁化强度，无量纲；H 为

17

外加磁场。

磁化后的物体又会引起物质所在空间的磁场改变，此时总的磁感应强度 B 可表示为

$$B = \mu_0(H + H') \tag{2-2}$$

式中：μ_0 为真空磁导率；H' 为附加磁场，大小等于 M，可以看出磁场强度与磁化强度成正比相关关系。

由式（2-1）和式（2-2）得

$$B = \mu_0(1 + \chi)H = \mu_0\mu_r H = \mu H \tag{2-3}$$

式中：μ 为物质的绝对磁导率；μ_r 为物质的相对磁导率，是绝对磁导率与真空磁导率的比值。

2.2.2 物质磁性的分类

物质被空间磁场磁化后会对整个系统产生一定的影响，根据影响强度可将物质的磁性分为抗磁性、顺磁性、反铁磁性、铁磁性和亚铁磁性[4]，根据磁性的强弱来分，前三者为弱磁性，后两者为强磁性。

抗磁性是在外部磁场 H 作用下，感应出与 H 方向相反的磁化强度，会使原外部磁场的强度减弱，磁化率 χ 为负值且很小，一般在 10^{-5} 数量级。其磁化率大小不受外磁场以及温度的影响，磁化曲线为一条直线。典型的抗磁性物质有惰性气体、部分有机化合物、部分金属和非金属。

顺磁性是在外部磁场 H 作用下，感应出与 H 方向相同的磁化强度，会使原外部磁场的强度增强，其磁化率 χ 为正值也很小，一般在 $10^{-6} \sim 10^{-5}$ 数量级。其磁化率受温度影响较大，大部分顺磁性物质磁化率 χ 与温度 T 二者的关系为

$$\chi = \frac{C}{T} \tag{2-4}$$

式中：T 为绝对温度；C 为居里常数。然而，相当多的固溶体顺磁性物质，特别是过渡族金属元素的磁化率 χ 与温度 T 的关系服从居里-外斯定律，即

$$\chi = \frac{C}{T - T_p} \tag{2-5}$$

式中：T_p 为临界温度。

反铁磁性物质的磁化率 χ 与 H 的关系与顺磁性物质相类似，其磁化率受温度影响也较大，但随着温度的变化，磁化率的倒数存在一个极小值（该点对应温度称为奈尔温度）。当温度大于奈尔温度时，反铁磁性物质的磁化率与温度的关系服从居里-外斯定律；当温度小于奈尔温度时，随着温度降低，磁化率 χ 也会减小，最后将趋于常数。自然界中过渡元素的盐类及化合物等是典型的反铁磁性物质。

铁磁性物质极易被磁化，即使外部磁场较弱，其磁化强度也可达到很大值并

达到饱和，其磁化率χ>0，且较大，数值高达$10 \sim 10^6$数量级。其磁化率χ不仅与外磁场、温度有关，而且与磁化历史相关。铁磁性物质存在的变相点称为居里点，温度低于居里点时，物质为铁磁性，在较小的外部磁场中磁场强度就能达到饱和状态。当温度高于居里点时，物质表现为顺磁性特征。铁磁性物质的磁化强度与外磁场二者之间的关系较复杂，且磁场变化时磁化率和磁导率都会改变，经过多次磁化后还会出现磁滞现象。

亚铁磁性对外表现的磁性与铁磁性相同，但磁化率要比铁磁性小很多，数量级通常为$10^0 \sim 10^3$，其内部结构与铁磁性物质相差较大，而与反铁磁性物质相同。典型的亚铁磁性物质是铁氧体。

2.3 铁磁性物质的性质

2.3.1 铁磁性物质的磁性

铁磁性物质是一种广泛应用于航空航天、铁路、汽车等领域性能特异的强磁性材料[5]。铁磁性物质的磁导率比弱磁材料的大几百倍，甚至几万倍，相同外部磁场作用下，铁磁性物质中磁感强度远远大于弱磁材料，且较小的外部磁场就能使其强烈磁化。此外，铁磁性物质的磁感强度 B 与外部磁场强度 H 的关系较复杂，为非线性函数关系。随着磁场强度 H 的变化，铁磁性物质的磁导率 μ 也会改变，并且在磁化过程中表现出各向异性和有磁滞现象。一般用磁化曲线和磁滞回线表征铁磁性物质的基本特性，如图 2-1 所示。

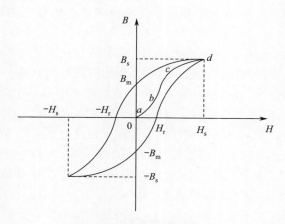

图 2-1　磁化曲线和磁滞回线

铁磁物质的磁化过程非常复杂，通常通过研究磁场强度 H 和磁感应强度 B 的关系来分析铁磁物质的磁化规律[6]，该磁化规律可通过磁化曲线（又称为技术磁化曲线）来表征。所以可通过分析磁化曲线和磁滞回线变化的特征研究铁磁性物质的磁化过程及机理。铁磁性材料磁化曲线的特征可以分为 4 个阶段，如图 2-1 所示。

（1）起始磁化阶段（ab 段）：当外部磁场强度较弱时，随着磁场强度 H 的增加，磁感强度 B 缓慢地增加，且两者之间不是线性关系。

（2）剧烈磁化阶段（bc 段）：当外部磁场为中等强度时，磁感强度 B 随着磁场强度 H 的增加迅速增大，且在该阶段铁磁性材料的磁化率 χ 或磁导率 μ 存在最大值。

（3）趋近饱和磁段（cd 段）：当外部磁场强度较强时，磁感强度 B 随着磁场强度 H 的增加速度会降低，最后趋于磁饱和状态。

（4）饱和磁化区：当外部磁场强度进一步增强时，随着外磁场的增加，B 在 d 点达到饱和，几乎不再增加。

如果使 H 逐渐减弱到零，则此时 B（或 M）也逐渐减小。H_s 和 B_s 分别为饱和时的磁场强度和磁感应强度。然而 H 和 B 对应的曲线轨迹并不沿原来的轨迹 ad 返回，而是沿着另一条轨迹下降，并且当 H 下降到零时 B 为正值，表明铁磁性物质中仍有一定的磁性，此时 B_m 称为剩磁，这种当 H 下降到零时 B 不为零的现象称为磁滞。将外磁场 H 反向并逐渐增强，直到 $H = -H_r$，此时，磁感应强度 B 下降为零，即需要施加一定强度的反向磁场才能使 B 下降为零，从而消除铁磁物质中的剩磁。H_r 称为矫顽力，它的大小反映铁磁性物质保持剩磁状态的能力。如图 2-1 所示，当外磁场按 $H_s \rightarrow 0 \rightarrow -H_r \rightarrow -H_s \rightarrow 0 \rightarrow H_r \rightarrow H_s$ 次序变化时，磁感应强度 B 相应地变化为 $B_s \rightarrow B_m \rightarrow 0 \rightarrow -B_s \rightarrow -B_m \rightarrow 0 \rightarrow B_s$，形成一条闭合的曲线，称为磁滞回线。由磁滞回线所围成图形的面积表征了铁磁物质在一个磁化周期内的能量损耗，称为磁滞损失。这部分损耗的能量在磁化周期内会以热的形式释放。

此外，磁化曲线的形状并不是固定的，它会受加在单晶体晶轴上的磁场方向的影响，随着磁场方向变化而改变，这种现象为磁晶各向异性。所有的铁磁性晶体都存在磁晶各向异性。Fe 单晶体和 Co 单晶体在不同晶轴上的磁化曲线[5] 如图 2-2 所示。

对于同一晶体，相同磁场强度作用下，磁化强度会受磁场方向的影响。即某些磁场方向上磁化强度较大，容易被磁化，称为易轴。在另一些方向上则不容易被磁化，称为难轴。从图 2-2 可以看出，铁单晶的易轴和难轴分别为［100］、［111］，而钴单晶的易轴和难轴分别为［0001］、是［1010］。

单晶体在磁场作用下自由能会增加，且增加的自由能等于磁化功。由前述分析可知，在磁场作用下单晶体增加的自由能受磁场方向的影响，这种现象称为磁晶各向异能[7]。可知从易轴到难轴物质所需的磁化能会逐渐增加。

以立方晶体系为列，设晶体总的各向异能为 E_K，则 E_K 的表达式为

$$E_K = K_1(\alpha_1^2\alpha_2^2 + \alpha_2^2\alpha_3^2 + \alpha_3^2\alpha_1^2) + K_2\alpha_1^2\alpha_2^2\alpha_3^2 \tag{2-6}$$

式中：K_1、K_2 为各向异性常数；α_1、α_2、α_3 为磁化方向与 3 个晶轴间的夹角余弦。

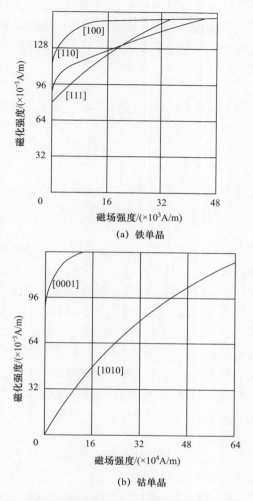

(a) 铁单晶

(b) 钴单晶

图 2-2　两种单晶在不同主晶轴上的磁化曲线

2.3.2　自发磁化与磁畴

自发磁化和磁畴都是铁磁性物质的基本特性。在没有外部磁场作用时，铁磁性物质内部的自旋磁矩方向会自动指向一个方向的现象称为自发磁化。铁磁体在被磁化前，其内部一些小区域就存在自发磁化现象，即该区域中所有原子自旋磁矩会指向同一方向，该部分区域称为磁畴。相邻两磁畴间存在磁畴壁。铁磁体在被磁化前，磁畴的磁化向量方向是随意的，所有磁畴磁矩的总和为零，所以，此时铁磁体对外并不表现出磁性。当有外部磁场作用时，磁畴的磁化向量方向在外部磁场作用下趋于一致，对外表现出磁性[8]。

铁磁性物质的磁化理论分为自发磁化理论和技术磁化理论两部分[9]。自发磁化理论是指在没有外部磁场作用时，铁磁性物质由于自发磁场作用会对外表现出强磁性。技术磁化理论是指在外部磁场作用下，铁磁性物质被磁化的理论。上述两种磁化理论是建立在以下两个假设基础上的。

1）分子场假设

铁磁性物质内部原子磁矩会自动地指向同一方向，存在自发磁化现象，导致该现象的作用力假设为物质内的分子场。即在分子场作用下，原子磁矩会取向一致。

2）磁畴假设

铁磁性物质在没有外部磁场作用时，其内部磁畴的磁化强度会达到饱和，但磁畴的磁化向量方向是随意的，所有磁畴磁矩的总和为零，铁磁性物质对外并不表现出磁性。

上述两个假设的正确性均已被证实。理论和实验结果表明，相邻原子的电子存在交换现象，交换过程中引发自发磁化，且交换过程中会产生交换能。

由于磁畴自发磁化的方向不同，磁畴中间的畴壁可分为90°畴壁和180°畴壁两类。相邻两磁畴磁化方向夹角为180°时，其中间的畴壁称为180°畴壁，磁化方向夹角为90°、107°或71°时，其中间的畴壁统称为90°畴壁。根据热力学平衡理论，为使物质的磁状态稳定，应使得物质内部的总自由能最小，即物质内磁畴的自发磁化方向应使畴壁表面不存在电荷，此时两磁畴磁化强度在畴壁法线方向投影大小相等、方向相反。90°畴壁两侧磁畴的磁化强度互相垂直，且两磁畴间畴壁法线在磁畴磁化强度夹角平分面内，而对于180°畴壁，两磁畴间畴壁法线垂直于磁畴磁化强度平面。

物质内磁畴的形状和大小并不相同，磁畴的形状、大小，以及不同磁畴间的连接关系称为磁畴结构。磁畴结构在物质内部排列形式不同，对于铁磁体，其磁畴结构分为均匀铁磁体的磁畴结构和非均匀铁磁体的磁畴结构两类[10]：均匀铁磁体内晶体的磁畴结构排列较均匀、整齐，这种结构比较理想；非均匀铁磁体内晶体的磁畴结构排列非常复杂，且内部会存在掺杂、空泡等。

2.4　铁磁性物质的磁化效应

2.4.1　磁致伸缩效应

磁致伸缩是指当铁磁物质受到外界磁场影响而磁化时，其长度及体积都会出现一定的变化。其中，因磁化作用导致的长度变化通常称为线性磁致伸缩（该现象由焦耳发现，又称为焦耳效应），而因磁化作用导致的体积变化称为体积磁致伸缩。一般情况下，体积变化要比长度变化小得多，所以，通常所说的磁致伸缩是指线性磁致伸缩，即线性磁致伸缩，简称为磁致伸缩[11]。

应用中使用物质的长度变化 Δl 研究磁致伸缩的强度，$\Delta l = l - l_0$，其中 l 为没有外部磁场作用时物质的长度，l_0 为在外部磁场作用下物质的长度，通常 Δl 很小，使用长度的相对变化表示磁致伸缩的大小：

$$\lambda = \frac{\Delta l}{l} \tag{2-7}$$

式中：λ 为磁致伸缩系数。由式（2-7）可知，当磁场增强时，Δl 增大，此时 λ 也增大，当铁磁性物质达到磁饱和时，Δl 不再增加，λ 也达到饱和值 λ_s，λ_s 称为饱和磁致伸缩系数。铁磁物质的磁致伸缩系数是固定值。

铁磁性物质的磁致伸缩系数可以为正值，也可以为负值，数量级为 10^{-6}。当磁致伸缩系数为正值时，该材料称为正磁致伸缩材料，表明在外部磁场作用下，材料内部晶轴沿磁化方向伸长。当为负值时，称为负磁致伸缩材料，表明在外部磁场作用下，材料内部晶轴沿磁化方向缩短。

由于受磁致伸缩的影响，晶体磁化强度的方向会发生一定的改变，同样晶体磁化强度方向的改变会进一步影响磁致伸缩的强度，致使晶体形状和体积也发生变化。这种引起磁化强度方向和磁致伸缩二者变化的能量称为磁弹性能。以立方晶系为例，其磁弹性能为

$$E_{MS} = B_1 \sum_i e_{ii} \left(\alpha_i^2 - \frac{1}{3} \right) + 2B_2 \sum_{i \neq j} e_{ij} \alpha_i \alpha_j \tag{2-8}$$

式中：B_1 和 B_2 为磁弹性耦合系数；α_i 和 α_j 为磁化方向与晶轴夹角的余弦；e_{ii} 和 e_{ij} 为沿各轴的形变分量。

假设晶体不受外部磁场的影响时，引起晶体形变所需的能量称为弹性能，其表达式为

$$E_{EL} = \frac{1}{2} C_{11} (e_{xx}^2 + e_{yy}^2 + e_{ss}^2) + 2C_{44} (e_{xy}^2 + e_{ys}^2 + e_{sx}^2) + C_{12} (e_{xx}e_{yy} + e_{ss}e_{yy} + e_{xx}e_{ss}) \tag{2-9}$$

式中：e_{xx}、e_{yy}、e_{ss}、e_{xy}、e_{ys}、e_{sx} 为形变能量的 6 个独立分量；C_{11}、C_{44} 和 C_{12} 为立方晶体的弹性模量。

当晶体不受外界影响时，其总自由能 E 可表示为

$$E = E_K + E_{MS} + E_{EL} \tag{2-10}$$

在外部应力作用下，铁磁材料内的晶体会发生一定的变化，晶体内除了包含原有的磁弹性能外，还会包含由外力作用而引发的磁弹性能量，该部分能量称为应力能。此时铁磁体的自由能中就会包括外部应力对其所做的功，晶体总的自由能可表示为

$$E = E_K + E_{MS} + E_{EL} + E_\delta \qquad (2\text{-}11)$$

式中：E_δ 为应力能。

根据铁磁学的研究，应力能 E_δ 的一般表达式为[12]

$$E_\delta = -\frac{3}{2}\lambda_{[100]}\delta(\alpha_1^2 r_1^2 + \alpha_2^2 r_2^2 + \alpha_3^2 r_3^2) - 3\lambda_{[111]}\delta(\alpha_1\alpha_2 r_1 r_2 + \alpha_2\alpha_3 r_2 r_3 + \alpha_1\alpha_3 r_1 r_3)$$

$$(2\text{-}12)$$

式中：δ 为外应力；r_1、r_2 和 r_3 为外应力相对于晶轴的方向余弦；$\lambda_{[100]}$ 和 $\lambda_{[111]}$ 为不同晶轴上的磁致伸缩系数。

2.4.2 磁扭转效应

当电流沿着管状铁磁性材料的轴向流动时，若在轴向方向再加载磁场，铁磁性材料的轴向会由于受力而出现扭转变形，这种现象称为磁扭转效应，又称威德曼效应。这是由于在轴向磁场和电流的共同作用下，管道内部的磁畴重新取向排序，从而导致自发磁化 M_s 的转动，并最终导致磁致伸缩[13]。

当一强磁体棒受扭转力矩作用时，若在轴向再加载一个交变磁场，则磁体棒轴向电流会由于受磁场的影响而发生变化，这种现象称为逆威德曼效应，也称为沃特海姆效应。出现这种现象的原因是由于当扭转力矩作用在磁体棒时，与管轴成45°的方向将受到张力的作用，在张力的作用下180°畴壁较多的区域将发生移动变化，该部分磁畴在与管轴成45°方向会产生交变的磁场，从而使得磁体棒在圆周方向感生出交变磁化强度分量[14]。

2.4.3 磁弹性效应

当铁磁性物质加载有弹性应力时，其出现弹性应变的同时还会存在磁致伸缩性质的应变，后者会引起磁畴壁位置的移动，从而使得磁畴自发磁化的方向也改变，这种现象称为磁弹性效应或力致伸缩。根据能量守恒理论，磁弹性效应是指在有外力作用时，铁磁体内晶体的应力能增加的现象。

根据铁磁学理论，外力作用在铁磁体时，铁磁体内部磁化强度会被迫发生变化，以抵消应力能，但当外力消失后，铁磁体内部仍会有残余应力，残余应力的存在会破坏铁磁体内部的平衡状态，致使应力能增加，最终使得磁弹性能有所增加[6]。当铁磁体加载反复作用的外力时，其内部会出现错位，且这种错位不会随着外力的消失而消失，这就是铁磁体内部存在残余应力的原因。由于磁弹性效应的作用，铁磁体表面将存在残余磁化及相应的散射磁场强度与分布。磁弹性效应原理如图2-3所示。

图2-3中，ΔB_r 表征了残余磁感应量的变化情况，$\Delta\delta$ 为负载变化周期。由图2-3可知，铁磁性构件某一部位的残余磁感应强度在周期性负载和外部磁场（如地磁场）的共同作用下会逐渐增大。

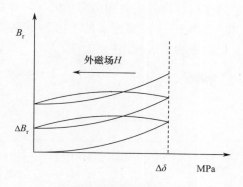

图 2-3　磁弹性效应原理

2.5　磁记忆检测原理

由前述理论可知，铁磁性物质在外力作用下，其内部会存在应力能，且在应力集中的部位会聚集很高的应力能。此时，为使能量最小，铁磁物质内部会发生形变，磁畴会发生磁致伸缩性质的重新排列，且这种排列是不可逆的，通过重新排列增加磁弹性能来抵消应力能的增加。即使当外力消失后，由于铁磁性物质内部存在的位错内耗、黏弹性内耗等效应，其内部的应力集中部位仍会存在。为抵消应力集中部位的应力能，在应力集中部位磁畴的重新取向排列也仍会存在，由于磁畴取向一致，在铁磁物质的表面就形成了漏磁场。在外应力和地磁场共同作用下引起的铁磁物质内部变化，进而产生的磁特性是不连续的，且当外应力消失后，由应力引起的磁特性的不连续性仍存在，这种现象就是磁记忆效应。

磁记忆检测原理可表述为：地磁场中的铁磁性物质在外应力作用下，其内部会发生形变，磁畴会发生磁致伸缩性质的重新排列，且这种排列是不可逆的，在应力集中区就形成了漏磁场 H_p[15]。漏磁场的分布特征能够反映应力集中部位的应力情况。研究结果表明，漏磁场 H_p 的切向分量 $H_p(x)$ 具有最大值，法向分量 $H_p(y)$ 改变符号且具有零值（图 2-4），在实际工程应用中，通常通过检查 $H_p(y)$ 分析被测试件的应力集中情况。当试件存在缺陷时，缺陷处会伴随有应力集中现象，通过研究漏磁场法向分量的特征就可以分析缺陷的特征。

磁记忆检测只需要在地磁环境下，通过检测铁磁性工件表面漏磁场的切向分量和法向分量就能够准确确定工件上的应力集中区域。地球虽然是一个大磁体，但地磁场的强度却非常弱。一般北纬 50°~60° 地域的地磁场强度为 40A/m 左右，其磁感应强度约为 50μT[5]。由于地磁场非常微弱，在研究铁磁性材料的磁性时通常忽略地磁场的影响。由前述磁记忆检测原理可知，地磁场虽然微弱，但对被测试件的磁化确起着重要作用，在外应力和地磁场的共同作用下，铁磁物质内部才会发生形变，磁畴才会发生磁致伸缩性质的不可逆重新排列，且外应力消失后，这种排列仍存在，使铁磁物质表现出一定的磁性。

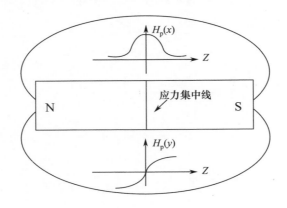

图 2-4　金属磁记忆检测原理图

　　铁磁性构件在生产制作过程中，冷作硬化激烈的部位容易产生形变，其内部会出现位错滑动及纠结，从而可能会出现一定程度的断裂。此外，使用中的铁磁性构件也会由于疲劳、形变等原因引起一定程度的断裂，出现微小的裂纹，裂纹处伴随有应力集中。当应力集中线与外力的方向垂直时，铁磁性构件通常会沿应力集中线方向断裂。由于构件结构遗传性和运行中负载的关系，在使用过程中构件的磁记忆效应会以累积方式表现出来。构件在运行时，金属磁化的量值和方向会随着载荷作用力的大小和方向而变化。实验证明，在地磁场环境中，在役铁磁性构件的夹杂和缺陷部位会发生磁畴归一现象，并在表面上形成漏磁场，通过检测构件表面漏磁场的法向分量便可确定应力集中区域，从而可以间接地判断构件存在缺陷的可能性。

　　综上所述，金属磁记忆检测技术就是通过研究外力和地磁场共同作用下铁磁性物质产生的磁记忆现象来研究物体应力集中情况的检测技术。它可以通过检测应力集中而发现潜在的缺陷，是对铁磁性构件进行早期诊断行之有效的无损检测方法。

2.6　小结

　　本章说明了铁磁性物质产生磁性的原理及磁性的分类，分析了铁磁性物质的磁化性质，阐述了磁畴基本理论及铁磁性物质的磁化效应，介绍了磁记忆效应、磁记忆检测的原理。

参 考 文 献

［1］舒铭航．磁记忆检测力-磁效应的数值模拟及试验研究［D］．江西：南昌航空大学，2008.
［2］任吉林，林俊明，池永滨，等．金属磁记忆检测技术［M］．北京：中国电力出版社，2000.
［3］冯瑞．金属物理学［M］．北京：科学出版社，2003.
［4］徐京娟，邓志煜，张同俊．金属物理性能分析［M］．上海：上海科学出版社，1988.
［5］简虎．磁记忆检测技术机理及其应用的研究［D］．武汉：华中科技大学，2006.
［6］万升云．磁记忆检测原理及其应用技术的研究［D］．武汉：华中科技大学，2006.
［7］路胜卓．磁记忆用于材料热处理质量评估的方法研究［D］．哈尔滨：哈尔滨工业大学，2007.
［8］刘畅．金属磁记忆检测系统设计及测量环境影响因素研究［D］．哈尔滨：哈尔滨工业大学，2008.
［9］刘磊．金属磁记忆技术在无缝钢轨应力测试中的应用研究［D］．北京：北京化工大学，2010.
［10］王东升．基于铁磁材料力-磁效应的磁记忆方法检测机理的基础性研究［D］．江西：南昌航空工业学院，2006.
［11］周俊华．磁记忆检测的机理研究［D］．河南：郑州大学，2003.
［12］陈曦．金属磁记忆检测技术若干基础性问题的研究［D］．江西：南昌航空大学，2006.
［13］撒文广．基于金属磁记忆的智能清管器技术可行性研究［D］．北京：北京化工大学，2008.
［14］李学东．基于虚拟仪器的焊缝磁记忆检测系统研究与设计［D］．武汉：武汉理工大学，2005.
［15］Doubov A A. Problems in estimating the remaining life of aging equipment［J］. Thermal Engineering，2003，50（11）：935-938.

第3章 力-磁耦合变化特征及环境磁场影响分析

3.1 概述

在建立磁记忆缺陷模型并对缺陷进行定量化分析之前,首先需要明确缺陷特征参数与试件表面磁记忆信号的对应关系,因此,磁记忆检测的理论核心问题在于力-磁耦合的变化特征分析,需要从磁记忆机理和工程应用角度弄清影响力-磁耦合关系的因素及其主次关系,揭示磁记忆检测中出现不同力-磁耦合关系的物理机理。

对此,本章借鉴已有的磁化、磁畴、磁致伸缩等磁学理论,从微观的内在变化和宏观的外在表征两个角度,对力-磁耦合的变化特征进行分析,探讨影响磁记忆信号生成的内在关键因素,为建立磁记忆检测缺陷模型和缺陷定量化分析提供理论依据。此外,针对磁记忆检测过程中一直存在的环境磁场是否会影响磁记忆检测信号问题,通过对比不同放置方向下试件表面磁场信号变化,研究了环境磁场对磁记忆信号的影响。

3.2 力-磁耦合变化特征分析

在建立磁记忆缺陷模型并对缺陷进行定量化分析之前,首先需要明确缺陷特征参数与试件表面磁记忆信号的对应关系,基于力磁耦合关系为单调函数或者较为简单的函数关系的假设,多个课题组研究外界磁场激励条件确定的情况下,磁记忆信号的特征参数随应力变化的关系。但在不同拉伸试验或者在材料不同变形阶段得到了多种相互矛盾的力磁变化关系结论,有的磁记忆信号强度随拉伸应力增大而单调增大[1,2],还有随拉伸应力增大而先单调减小后在一定范围内波动[3,4],或者随拉伸应力增大而先单调增大后在一定范围内波动[5],相同的实验条件下磁记忆信号随应力变化出现了不同的变化趋势,无法作为磁记忆检测的工程应用的指导依据。磁记忆检测的理论核心问题在于力-磁耦合的变化特征分析,因此,需要从磁记忆机理和工程应用角度探明影响力-磁耦合关系的因素及其主次关系,揭示磁记忆检测中出现不同力-磁耦合关系的物理机理。

根据金属磁记忆技术的基本检测原理，力-磁耦合关系可以体现在如图3-1所示的两个过程中，即铁磁材料在外界磁场和应力作用下磁畴运动的内在变化过程以及通过磁敏传感器获取磁记忆信号特征参数变化的外在测量过程[6]。宏观的外在测量过程是力-磁耦合关系的结果和形式，而微观的内在变化才是力磁耦合关系的内因和关键。因此，只有深入理解力磁耦合关系的内在特征，才能有效统一现有研究中磁记忆信号与应力之间的多种矛盾关系，为磁记忆检测金属工程应用提供理论支撑。

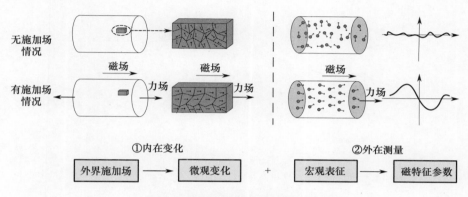

图 3-1   磁记忆检测中的力磁耦合关系

从微观角度分析力磁耦合关系时，不论是基于微磁理论还是磁畴理论，最终落脚点都是外界施加场对铁磁材料内部能量的影响以及由此带来的磁畴结构变化。系统的总自由能主要包括交换能（E_{ex}）、磁各项异性能（E_K）、退磁场能（E_d）、磁弹性能（E_σ）和外磁场能（E_H）这5种相互作用的能量。根据热力学原理，系统平衡状态的磁结构对应为系统总自由能 $E = E_H + E_d + E_{ex} + E_K + E_\sigma$ 最小值状态[6]，即满足 $dE = 0$。

下面从外磁场单独作用、应力场单独作用，以及外磁场和应力共同作用这3种情形分析铁磁材料的磁学性能的变化情况。

3.2.1   外磁场对铁磁材料磁性能的影响

自发磁化和磁畴是铁磁物质的基本特征，在无外磁场作用时，铁磁物质的自旋磁矩会在一定空间范围内会自发地有序排列而达到磁化，这个过程称为自发磁化，而自发磁化的小区域称为磁畴[7]。假设铁磁体只受到外加磁场作用，在施加外界磁场之前，由于磁畴的磁矩方向是凌乱的，宏观上不对外显示磁性，在施加外磁场时，磁畴的磁矩方向会趋向外加磁场方向，对外表现出强烈的磁性。使原来不表现磁性的物体获得一定磁性的过程称为磁化，其本质是在外磁场作用下磁畴运动改变原有的磁畴结构并对外部显示磁性[8]。

磁畴运动过程主要包括磁畴壁移动以及磁畴磁化方向转动两个过程。假设图 3-2（a）中虚线所围的为铁磁体内某一区域，被磁畴壁分开的两个磁畴磁化方向相反，整体磁性为零。当试件外加磁场 H 时，磁畴壁发生位移，使在外磁场方向上有最大 M 分量的磁畴体积增大，而相反方向的磁畴体积减小，如图 3-2（b）所示。随着外磁场不断增大，与外磁场方向上有最大 M 分量的磁畴体积持续扩大，直至磁畴壁位移结束，如图 3-2（c）所示。此时，若继续增大外磁场，磁畴磁化方向会逐渐向外磁场方向旋转，最终达到饱和磁化状态，如图 3-2（d）所示。

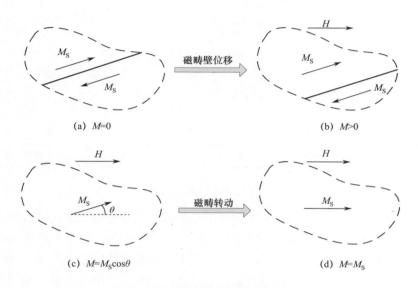

图 3-2　外磁场作用下磁畴运动示意图

　　假设外磁场 H 与磁化强度 M 之间的角度为 θ，则外磁场能 E_H 为[6]

$$E_H = -\mu_0 M H \cos\theta \tag{3-1}$$

式中：μ_0 为真空磁导率。

1. 磁畴壁移动过程

　　假设磁畴 i 和磁畴 j 被 180° 的磁畴壁分开，如图 3-3（a）所示，当施加外磁场 H 方向与磁畴 i 的磁化方向一致时，则磁畴 i 和磁畴 j 的外磁场作用能分别为

$$\begin{cases} E_{Hi} = -\mu_0 M_S H \cos\theta_i = -\mu_0 M_S H \\ E_{Hj} = -\mu_0 M_S H \cos\theta_j = \mu_0 M_S H \end{cases} \tag{3-2}$$

式中：μ_0 为真空磁导率；M_S 为磁畴自发磁化强度；$\theta_{i,j}$ 为磁畴磁化强度 M_S 与外磁场 H 方向之间的夹角。显然，磁畴 j 的外磁场能要高于磁畴 i 的外磁场能，因此，根据自由能量最小原理，在外磁场作用下，磁畴 j 必然逐渐向磁畴 i 过渡，而这个过渡的过程就是通过磁畴壁移动进行的。

磁畴壁是一个原子磁矩方向逐渐改变的过渡层，假设磁畴壁厚度不变，在外磁场作用下，磁畴 j 靠近磁畴壁的那一层磁矩方向由原来方向开始转变进入磁畴壁过渡层中，而磁畴壁内靠近磁畴 i 那一层磁矩则方向转变逐渐脱离磁畴壁过渡层，加入到磁畴 i 中，随着磁畴 i 中磁矩不断增多，磁畴 i 的体积也逐渐增大，而磁畴 j 随着磁矩减少磁畴体积也逐渐缩小，磁畴 i 增大的体积等于磁场 j 减小的体积，这就相当于磁畴壁在外磁场作用下移动了一段距离，如图 3-3（b）所示。

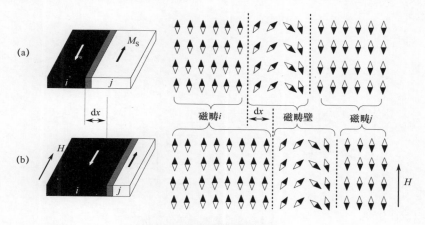

图 3-3　磁畴壁位移示意图

　　假设磁畴壁的面积为 S，在外磁场作用下磁畴壁移动了距离为 Δx，则在这个过程中系统的外磁场能变化为

$$\Delta E_{H} = (E_{Hi} - E_{Hj}) \cdot S \cdot \Delta x = -2\mu_{0}M_{S}HS\Delta x \tag{3-3}$$

从式（3-3）可以看出，外磁场的作用引起磁畴壁的移动，可以降低系统的外磁场能，有利于系统保持平衡。但在一定强度的外磁场下，磁畴壁的移动距离是有限的，其原因在于磁性体内部存在的内应力和组分的不均匀性，在磁畴壁移动过程中磁弹性能、畴壁能等其他内部能量出现了高低起伏变化，从而对磁畴壁的移动形成阻力。如图 3-4 所示，假设 $E_{F} = E - E_{H}$ 为铁磁体系统内部除外磁场能外的其他能量分布规律，$\partial E_{F}/\partial x$ 为系统能量 E_{F} 随磁畴壁移动的变化规律。

　　在未施加外界磁场时，此时的系统的自由能 $E_{F}(x)$ 停留在最小值 o 点处，且满足 $\left(\dfrac{\partial E_{F}}{\partial x}\right)_{o} = 0$、$\left(\dfrac{\partial^{2} E_{F}}{\partial x^{2}}\right)_{o} > 0$。

　　当施加外界磁场 $H > 0$ 时，磁畴壁沿 oa 段开始移动，此时外磁场能 E_{H} 减小，而 $\partial^{2}E_{F}/\partial x^{2} > 0$，$E_{F}$ 增大，E_{H} 减小与 E_{F} 增大两者平衡，磁畴壁移动到任意位置都是稳定的。若此时逐渐减小外磁场，磁畴壁可以沿 oa 路径回到起始位置 o 点，这个磁化过程称为磁畴壁可逆位移过程。

当外磁场 H 增大磁畴壁移动到 a 点处时，$(\partial^2 E_F/\partial x^2)_a = 0$，$(\partial E_F/\partial x)_a$ 为某一极大值，过了 a 点之后，$(\partial^2 E_F/\partial x^2)_a < 0$，系统自由能 E_F 增大的速度开始小于外磁场能 E_H 减小的速度，此时系统的平衡状态并不稳定，即使外加磁场不增加，位移也将持续进行，直到 $\partial E_F/\partial x =(\partial E_F/\partial x)_a$ 的 e 点才达到新的平衡。这种磁畴跳跃式位移现象称为巴克豪森跳跃，此时若再将外磁场减小到零，磁畴不会回到起始位置 o 点处，而是停留在 $\partial E_F/\partial x = 0$ 的 c 点处，这个过程称为磁畴壁的不可逆位移过程。

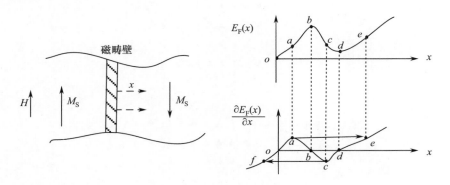

图 3-4　磁畴壁不可逆位移模型

2. 磁畴转动过程

在无外磁场时，磁畴的磁化方向在各自的易磁化轴方向上，而易磁化轴的方向与铁磁体内各项异性能分布的最小值有关，当存在外磁场作用时，铁磁体内总自由能随着外磁场能发生变化，而总自由能最小值方向分布也随之发生变化，此时磁畴的取向也由原来的方向转到新的能量最小的方向上，这就相当于磁畴在外磁场的作用下发生转动。在外磁场作用下，铁磁体内部磁畴的磁化方向向外磁场方向转动的过程称为磁畴的转动过程。

如图 3-5 所示，假设外磁场与易磁化轴的夹角为 θ_0，在外磁场作用下，磁畴磁化方向向外磁场方向转动与外磁场夹角变为 θ，则外磁场能的变化量为

$$\Delta E_H = E_H(\theta_0) - E_H(\theta) = \mu_0 M_S H(\cos\theta - \cos\theta_0) > 0 \qquad (3-4)$$

由式（3-4）可以看出，磁畴的磁化方向向外磁场方向转动时，系统外磁场能降低，而系统的其他能量 E_F 随之增大。由于铁磁体内广义各项异性能起伏变化，而磁畴转动系统平衡状态时满足系统能量极小值原理，即

$$\frac{dE}{d\theta} = \frac{\partial E_F}{\partial \theta} + \frac{\partial E_H}{\partial \theta} = 0 \qquad (3-5)$$

当 $d^2E/d\theta^2 > 0$ 时，磁畴转动处于稳定的平衡状态，此阶段对应磁畴的可逆转动过程；当 $d^2E/d\theta^2 < 0$ 时，磁畴转动处于非稳定的平衡状态，此阶段对应磁

畴的不可逆转动阶段。当外磁场 H 逐渐增大时，M_S 转动，θ 减小，然后突然转到某一轴方向，此阶段对应磁畴的不可逆转动阶段，因此，同磁畴壁位移过程一样，磁畴转动也分为可逆转动和不可逆转动两个过程。

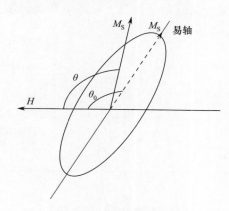

图 3-5　磁畴转动模型

经热退磁或者交流退磁后，在没有外界磁场时，铁磁体内部的磁化强度 M 分布受磁晶各向异性能、应力各向异性能、交换能，以及退磁场能的平衡状态决定，此时，磁铁体的总磁化强度为

$$M = \frac{\sum\limits_i M_S V_i \cos\theta_i}{V_0} = 0 \qquad (3\text{-}6)$$

式中：V_i 为材料内第 i 个磁畴的体积；θ_i 为第 i 个磁畴磁化方向与空间任一特定方向的夹角。

当施加外磁场 H 时，为了维持系统自由能最小化，磁畴发生运动导致铁磁体内部磁畴结构发生变化，从而改变铁磁体的磁化状态和磁化强度。假设沿外磁场 H 方向上的磁化强度变化量为 ΔM_H，则 ΔM_H 为

$$\Delta M_H = \sum_i \left[\frac{M_S \cos\theta_i \Delta V_i}{V_0} + \frac{M_S V_i \Delta \cos\theta_i}{V_0} + \frac{\cos\theta_i V_i \Delta M_S}{V_0} \right] \qquad (3\text{-}7)$$
$$= \Delta M_{位移} + \Delta M_{转动} + \Delta M_{顺磁}$$

式中：$\Delta M_{位移}$ 为磁畴内磁化强度 M_S 和方向 θ_i 不变，磁畴体积 V_i 变化引起的磁化强度变化，对应磁畴壁位移过程；$\Delta M_{转动}$ 为磁畴内磁化强度 M_S 和体积 V_i 不变，磁畴内 M_S 与外磁场 H 夹角 θ_i 变化导致的磁化强度变化，对应磁畴的转动过程；$\Delta M_{顺磁}$ 为磁畴内磁化强度 M_S 和体积 V_i 不变，磁畴内的自发磁化强度 M_S 变化导致的磁化强度变化，对应顺磁磁化过程，顺磁对磁化变化的贡献很小，只有外磁场特别强的时候才会显示出来。

从微观角度来看，在外界磁场作用下，由于磁畴发生可逆和不可逆的运动，

导致材料对外显示磁性。从宏观角度来看，在外磁场作用下铁磁材料会发生可逆和不可逆磁化。虽然从微观角度很难得到并计算出磁化强度随外磁场变化的显式关系式，但在宏观上可以通过实验获得不同材料的磁化曲线和磁滞回线如图 3-6 所示。图 3-6 中的巴克豪森跳跃就是微观上磁畴跳跃式运动在宏观磁通测量上的一种外在表现形式。

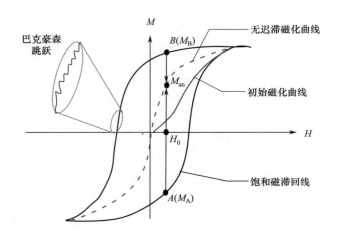

图 3-6　磁化曲线和磁滞回线

3. 2. 2　应力对铁磁材料磁性能的影响

磁性材料由于磁化状态改变时，其长度和体积也会发生变化，这种现象称为磁致伸缩[7]。在实际中，即使在强磁场中，磁致伸缩变化量也是十分微小的，但是其逆效应（Villari 效应），即给磁性体施加很小的应力，其磁化强度也会发生较大变化。因此，在铁磁材料受到外界应力作用时，不仅会产生弹性应变，还会出现磁致伸缩性质的应变，还会促使铁磁体内部的磁各项异性能 E_K 和磁弹性能 E_σ 增大，为维持系统能量自由能最低，铁磁体内部的磁畴将会发生运动。假设材料的饱和磁致伸缩系数为 λ_S，则各向同性的铁磁材料的磁弹性 E_σ 为

$$E_\sigma = -\frac{3}{2}\lambda_S\sigma\cos^2\theta \tag{3-8}$$

由式（3-8）可以看出，当材料受到拉伸应力时，$\lambda_S\sigma > 0$，$\theta = 0$ 或 π 时，磁弹性能最小。当材料受到压应力时，$\theta = \pi/2$ 时系统的磁弹性能最小。

与受外磁场作用磁化效果类似，铁磁材料受到应力作用时，同样会引起磁畴壁位移或磁畴转动，从而改变原有的磁畴结构使铁磁体显示磁性，最终磁化方向与拉伸应力方向平行，与压应力方向垂直，如图 3-7 所示。

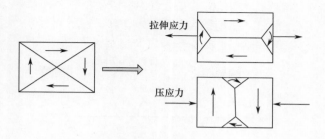

图 3-7　应力引起的磁畴运动

3.2.3　外磁场和应力共同作用对铁磁材料磁性能的影响

为方便讨论，假设材料受到拉伸应力 σ 作用，拉伸应力 σ 方向与外磁场方向平行，假设磁各项异性能 E_K 变化量远小于磁弹性能 E_σ 的变化量且可以忽略不计，分析外磁场环境下磁化强度随应力变化关系时，只需要考虑系统磁弹性能和外磁场能，即

$$E = E_\mathrm{H} + E_\sigma = -\mu_0 MH\cos\theta - \frac{3}{2}\lambda_\mathrm{S}\sigma\cos^2\theta \tag{3-9}$$

系统自由能最小时，则需要满足：

$$\begin{aligned}
\frac{\mathrm{d}E}{\mathrm{d}\theta} &= \frac{\partial E_\mathrm{H}}{\partial \theta} + \frac{\partial E_\sigma}{\partial \theta} \\
&= 3\lambda_\mathrm{S}\sigma\cos\theta\sin\theta + \mu_0 MH\sin\theta \\
&= 0
\end{aligned} \tag{3-10}$$

从式（3-10）可以看出，当 $\theta = 0$ 或者 $\arccos(-\mu_0 MH/3\lambda_\mathrm{S}\sigma)$ 时，系统自由能会出现极小值。其中，当 $\theta = 0$ 时，系统总自由能全局达到最小，而 $\theta = \arccos(-\mu_0 MH/3\lambda_\mathrm{S}\sigma)$ 时，系统总自由能达到局部极小。

应力引起的磁畴运动模型如图 3-8 所示，在外磁场和应力共同作用下，铁磁材料的磁化方向与外磁场（或应力）夹角可能是先接近 $\theta = \arccos(-\mu_0 MH/3\lambda_\mathrm{S}\sigma)$，达到系统能量局部最小，然后进一步增加应力，最终磁化方向与外磁场方向一致达到系统能量全局最小。由于不同磁化状态试件所对应的微观磁畴结构不同，因此，即使在相同应力下引起的磁畴运动的方式和程度也会不同，从而导致磁化强度随应力的变化关系也存在差异。

施加应力在材料的弹性变形阶段时，根据有效场理论和趋近饱和定律[9]，应力场可以等效为磁场，在应力的作用下，磁畴的运动趋向于材料系统自由能最小的状态，也就是材料的磁化状态趋向无滞后磁化状态，这样就可以将铁磁材料的微观结构参数和宏观表征结合起来，在恒定的外磁场环境下，磁化强度 M 随应力的变化规律为

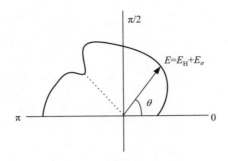

图 3-8　应力引起的磁畴运动模型

$$\frac{\mathrm{d}M}{\mathrm{d}\sigma} = \frac{\sigma}{\varepsilon^2}(M_{an} - M_{irr}) + c\frac{\partial(M_{an} - M_{irr})}{\partial\sigma} \tag{3-11}$$

式中：M_{an} 为无滞后磁化强度；M_{irr} 为不可逆磁化强度；ε 为与弹性能相关的尺寸常数；c 为与弹性能相关的可逆系数。材料磁化强度 M、可逆磁化强度 M_{rev}、不可逆磁化强度 M_{irr}、无滞后磁化强度 M_{an} 之间关系为[8]

$$M = M_{rev} + M_{irr} \tag{3-12}$$

$$M_{rev} = c(M_{an} - M_{irr}) \tag{3-13}$$

$$M_{irr} = \frac{M - cM_{an}}{1 - c} \tag{3-14}$$

将式（3-14）代入式（3-11）中，可得

$$\frac{\mathrm{d}M}{\mathrm{d}\sigma} = \frac{1}{1-c}\left[\frac{\sigma}{\varepsilon^2}(M_{an} - M) + c\frac{\partial(M_{an} - M)}{\partial\sigma}\right] \tag{3-15}$$

由式（3-13）可以看出，材料磁化强度的变化不仅与应力 σ 有关，还与 $(M_{an} - M)$ 相关，即与材料的磁化状态相关。

在微观上，外磁场和应力的耦合作用下驱使磁畴向材料自由能最小的稳定状态方向运动，而在宏观上，在应力和磁场的共同作用下，材料的磁化强度朝无磁滞磁化强度方向变化。

如图 3-6 所示，由于试件的磁化历史有所差异，在相同的外磁场强度 H_0 环境下，试件的磁化强度 M 可能在区间 $[M_A, M_B]$ 的任意一点处。当 $(M_{an} - M) > 0$ 时，磁化强度随应力增大而增大，当 $(M_{an} - M) < 0$ 时，磁化强度随应力增大而减小，宏观上，在应力作用下，不同的磁化状态都会向无滞后磁化状态趋近，试件磁化强度随应力变化趋势如图 3-9 所示。

由上述分析可以得出，由于退磁过程中存在磁滞现象，在相同磁场环境下的不同磁化历程试件所处的磁化状态也会有所差异，此时即使施加相同的应力，也会出现不同的力磁耦合关系。对于某一确定的被测试件而言，如果无迟滞磁化强

度 M_{an} 与外磁场仅是简单的单值函数关系，那样只要标定出试件的试件磁化状态，就能得到较为准确的力磁耦合关系。但实际情况是，在应力 σ 作用下，弱磁场条件下试件的磁导率也会发生较大的变化，特别是塑性变形阶段的变化更为复杂，此时无磁滞磁化强度 M_{an} 也会随之发生变化，且不同的磁化状态下 M_{an} 的变化形式也不相同。由于 M_{an} 和 M 的大小相对关系的时刻变化，造成了磁记忆信号强度在整个应力作用区间内出现不同的变化趋势。

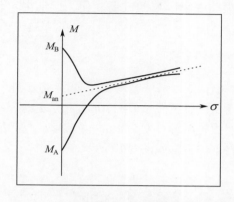

图 3-9　不同磁化状态对应力磁耦合关系

3.3　环境磁场对检测信号影响

磁记忆检测信号往往与地球磁场在一个数量级或略大于地球磁场，只要有磁场存在，就会对铁磁物质磁性产生影响，因此工程检测中需要考虑环境磁场（主要指地磁场）的影响，因为这涉及磁记忆检测的可靠性问题。许多学者对这一问题开展了相关的实验研究，但目前还未形成统一的认识。如：文献［10］通过对比焊缝残余应力表面磁场分布，认为环境磁场对检测信号数值有很大的影响，但对磁记忆场的分布特征没有本质的影响；文献［11，12，13］也是认为无论试件如何放置，其表面的磁场强度分布规律不会发生变化；文献［14］认为不同放置方向对磁记忆检测结果的影响是不同的，试件南北放置影响程度比东西放置要大得多；文献［15］对不同放置方向下的试件磁记忆信号进行了检测，实验结果表明，试件上下放置时，地磁场的影响程度最大，整体形貌发生了畸变，同时疲劳试件断裂前后的磁记忆信号幅值和过"0"线都发生变化；文献［16，17］通过对比地磁场和外加激励磁场两种情况下磁记忆检测效果，认为存在外加激励磁场条件下检测效果明显好于地磁场环境下的检测效果。

上述实验研究环境磁场对磁记忆信号检测的影响时，一般通过改变试件摆放方向测量分析试件表面磁场信号变化情况，或者通过人为改变外界磁场强度和方向观察磁记忆信号变化情况来判断外界磁场变化对磁记忆检测的影响，但相同原理的实验，关于地磁场对磁记忆信号整体形貌是否产生影响，没有形成一致的结论。多数实验的研究思路是对比磁场变化时检测到的信号变化情况，分析地磁场对金属磁记忆信号检测的影响，但没有考虑检测的磁场信号的成分和被测试件损伤缺陷类型因素，这可能就是至今没有得到统一结论的关键所在。因此，本节通过分析磁记忆检测信号的组成，并对比不同放置方向下，裂纹、应力集中以及无损伤3种区域的磁场变化，以期揭示环境对磁记忆检测信号的影响机理和规律。

3.3.1　实验材料及方案

选用45号钢材料制作实验试件，对比不同放置方向下，裂纹、应力集中、无损伤3种区域的磁场变化。试件长 $L=180\mathrm{mm}$，宽 $d=40\mathrm{mm}$，厚度 $h=2\mathrm{mm}$，利用剪切的方法在试件上预先设置长度为19mm的裂纹、裂纹左右长度为50mm的区域为检测区域，被测试件实物如图3-10所示。

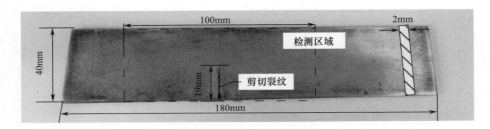

图 3-10　被测试件实物图

如图3-11所示，为了验证环境磁场对不同缺陷区域磁记忆信号的影响，本实验共布置7条测量迹线，迹线1~迹线3位于裂纹区域，迹线1在试件边缘处，迹线2在裂纹中间处，迹线3在裂纹边缘处；迹线4位于裂纹尖端处；迹线5位于应力集中区域；迹线6在正常区域的中间处；迹线7靠近试件边缘处。

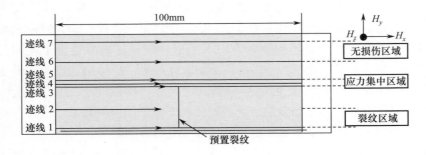

图 3-11　检测迹线设置

为准确测量试件表面磁记忆信号，设计了一套磁记忆信号检测系统，检测系统实物及组成框图如图 3-12 和图 3-13 所示。

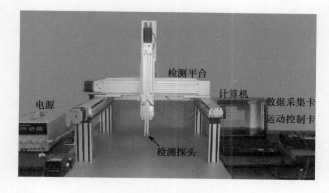

图 3-12　磁记忆信号检测系统实物图

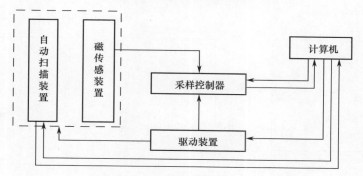

图 3-13　磁记忆信号采检测统组成框图

检测系统中的自动扫描装置采用 UYJ110 型三维移动平台（双向重复精度±0.02mm），传感器探头采用的是霍尼韦尔公司生产的 HMC5883L 型号三轴磁敏传感器（量程±8Gs，分辨率 5mGs）。通过设置平台的移动速度和传感器的采样频率，可以实现磁记忆信号的空域等距采样，同时测量三个不同方向的磁场分量信号。

如图 3-14 所示，试件分别按照南-北、北-南、东-西、西-东 4 个方向进行摆放测量试件表面磁记忆信号，设置信号采样间隔为 0.2mm，传感器提离值为 1.0mm。

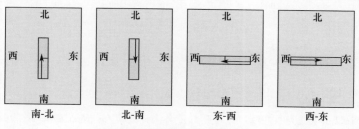

图 3-14　试件放置方向示意图

3.3.2 实验结果

将被测试件按照南-北、北-南、东-西、西-东 4 个方向水平放置，不同检测迹线上测得的 4 组磁记忆信号曲线如图 3-15 所示。

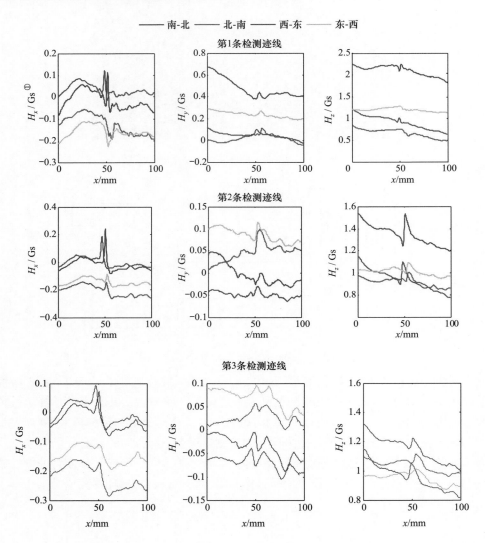

---

① 空气的相对磁导率接近为 1，因此，为方便描述，本书将仿真中的磁感应强度统称为磁场强度，单位为 Gs。

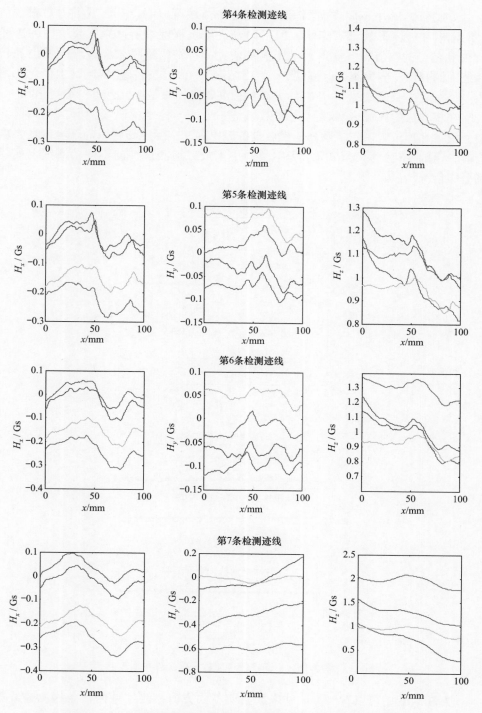

图 3-15 不同放置方向时不同迹线测得磁场信号分布（见彩插）

对比图 3-15 中不同方向测得的磁场分布曲线可以看出，放置方向对磁场信号的幅值和整体形貌都有影响，但不同迹线影响程度有所区别。裂纹区的迹线1、2 在信号的幅值和整体形貌上影响都较大，特别是迹线 1 在裂纹区域出现较大范围的变动，应力集中区迹线 3、4、5 在幅值和形貌有一定影响，但变化幅值较小相对较小，而迹线 6、7 整体分布相似度较高，只是幅值上有一定变化。

在相当大的区域内可以认为地磁场是一个均匀稳定的磁场，但在实际检测中，由于地理位置、建筑及其他机械设备等原因，实际检测区域的环境磁场强度会有一定的变化，图 3-16 所示为本实验中未放置被测试件前不同检测线上的磁场分布情况。

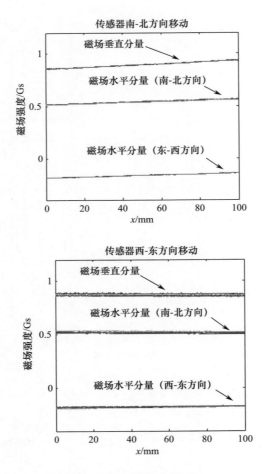

图 3-16 不同迹线环境磁场信号分布

从图 3-16 中可以看出，试件未放置前不同方向检测区域内 7 条检测迹线上的磁场都在极小的波动范围内变化，可认为是均匀稳定的磁场，其空间方向如

图 3-17 所示，试验中环境磁场的水平分量沿着东-北方向。

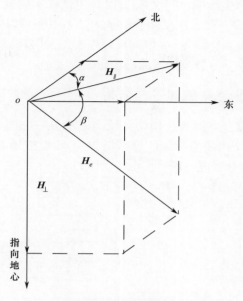

图 3-17   环境磁场矢量方向

H_e —环境磁场总强度；$H_{//}$ — H_e 在水平面投影，称为水平强度或水平分量；

$H_\perp$ — H_e 在垂直面投影，称为垂直强度或垂直分量。

如果环境磁场对试件磁场信号有影响，则试件南-北方向放置与西-东方向放置时磁场分布相似，而北-南方向与东-西方向放置时磁场分布相似。以切向分量 $H_p(x)$ 为例，不同方向上测得的磁场信号进行相关系数见表 3-1。

表 3-1   不同放置方向切向信号 $H_p(x)$ 曲线的相关系数

序号	迹线 1	迹线 2	迹线 3	迹线 4	迹线 5	迹线 6	迹线 7	均值
$c(h_1, h_2)$	0.753	0.767	0.9309	0.927	0.929	0.972	0.970	0.893
$c(h_1, h_3)$	0.627	0.725	0.935	0.934	0.926	0.950	0.937	0.862
$c(h_1, h_4)$	0.956	0.908	0.975	0.972	0.966	0.958	0.976	0.959
$c(h_2, h_3)$	0.803	0.851	0.934	0.932	0.941	0.944	0.934	0.906
$c(h_2, h_4)$	0.656	0.788	0.864	0.845	0.828	0.887	0.931	0.829
$c(h_3, h_4)$	0.562	0.720	0.919	0.927	0.932	0.949	0.944	0.850
均值	0.726	0.793	0.926	0.923	0.920	0.943	0.949	0.883

表 3-1 中，h_1、h_2、h_3、h_4 的曲线分别为南-北、北-南、东-西、西-东检测方向检测得到磁场信号，$c(h_i, h_j)$ 为相应方向检测信号曲线的相关系数。从表 3-1 中可以看出，$c(h_1, h_4)$ 和 $c(h_2, h_3)$ 数值要高于其他情况，说明试件南-北与西-

东、北-南与东-西方向放置时磁场分布更为相似，这从侧面反映了环境磁场会对试件表面磁场信号产生影响，与文献［18］中试件不同放置方向检测时扣除背景磁场后检测结果不一致的现象吻合。从表 3-1 中还可以看出，检测迹线 1、2 的相关系数较小，检测迹线 6、7 相关系数较大，说明环境磁场对试件无损伤区域磁场分布影响较小，对裂纹区域漏磁场影响较大。

3.3.3 环境磁场影响讨论与分析

根据磁记忆检测基本原理，损伤区域漏磁场分布如图 3-18 所示，试件表面所测得的磁场信号 H 由缺陷区域的漏磁场 H_p、环境磁场 H_e 以及试件自身的感应磁场 H_B 是 3 个部分组成，即

$$H = H_p + H_B + H_e \qquad (3-16)$$

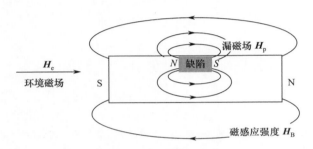

图 3-18　损伤区域漏磁场分布

以试件切向信号为例，假设在试件两个不同摆放方向时测得的磁场信号的分别为 H_{x1}、H_{x2}，则水平分量可以为

$$H_{x1} = H_{px1} + H_{Bx1} + H_{ex1} \qquad (3-17)$$

$$H_{x2} = H_{px2} + H_{Bx2} + H_{ex2}$$

$$= H_{x1} + \Delta H_{px} + \Delta H_{Bx} + \Delta H_{ex} \qquad (3-18)$$

当试件放置方向变化时，也就是环境磁场发生微小变化时，测得磁场信号变化量主要由 ΔH_{Bx}、ΔH_{px}、ΔH_{ex} 三个要素决定。

环境磁场 H_e 包括地磁场、其他构件和设备产生的磁场，一般情况下主要指的是地磁场，在特定的范围内可认为是一个恒定的磁场。改变试件摆放方向时，环境磁场信号 H_{ex} 只是在相应方向上分量的数值变化了 ΔH_{ex}，对整体分布形貌没有影响。

漏磁场 H_p 指的是无外磁场条件下试件表面的漏磁场，是由环境磁场和应力共同作用于该处的磁畴，使其产生定向的不可逆重新取向，进而出现不可逆磁畴固定节点产生磁极引起的，这种磁状态的不可逆变化不仅在载荷消除以后还会保留形成磁畴固定结点，与最大作用应力（应力集中）有关，而且在遇到强烈的反向磁场或与原来反向的强应力作用之前是不可逆的[19]，这也是磁记忆效应能

够应用到应力集中或缺陷检测的根本原因。因此，缺陷区漏磁场 H_p 可以认为是在缺陷生成过程中已经确定的，不会随外部微弱的环境磁场变化而变化。

试件自身的感应磁场 H_B 是由试件在环境磁场作用下磁化产生的，如果检测过程中试件受到外力作用，则是由环境磁场和应力共同作用使得受载试件磁化产生的。假设试件的磁化率为 χ_m，真空磁导率为 μ_0，铁磁质试件的相对磁导率为 μ_1，则试件在外磁场 H_e 作用下磁化时，其内部磁场强度可表示为

$$B_1 = \mu_0(H_e + M) = \mu_0(1 + \chi_m)\frac{\cos\alpha_1}{\cos\alpha_2}H_e = \mu_1 H_e \tag{3-19}$$

磁力线总是走磁导率最大的路径，当磁场由铁磁质试件（区域1）进入空气中（区域2）时，如图3-19所示，根据边界磁通守恒定律可得

$$n \cdot (B_1 - B_2) = B_1\cos\alpha_1 - B_2\cos\alpha_2 = 0 \tag{3-20}$$

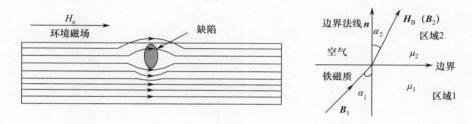

图 3-19 感应磁场 H_B 示意图

假设空气的相对磁导率为 μ_2，则根据式（3-18），可得

$$H_B = \mu_2 B_2 = \mu_2 B_1 \frac{\cos\alpha_1}{\cos\alpha_2} = \mu_2\mu_1 H_e\frac{\cos\alpha_1}{\cos\alpha_2} \tag{3-21}$$

式（3-21）表明，试件自身的感应磁场 H_B 与外磁场 H_e 相关，还与试件的磁导率以及磁导率不均匀程度相关。

结合不同检测区域、不同放置方向下的检测结果进行分析，图3-20所示为实验中无损伤区域迹线7去除环境磁场分量后的切向磁场分布情况。从图3-20中可以看出，当试件无损伤缺陷时，测得的磁场分布形貌主要由试件自身漏磁场 H_B 决定，试件放置方向不同时，试件表面分布磁场分布形貌变化不大，但是在数值上有较大的差异。其原因在于试件不同方向放置时，环境磁场 H_e 沿试件轴线方向分量会出现变化，影响了铁磁试件的磁化状态，导致泄漏到试件表面的感应磁场 H_B 发生变化，但由于无损伤区域磁导率分布相对比较均匀，试件自身感应磁场 H_B 没有出现明显的畸变，因此在不同放置方向下，磁场整体分布形貌变化不大。

图3-21和图3-22分别为裂纹区域与应力集中区域放置方向不同时检测到的磁场切向信号分布。

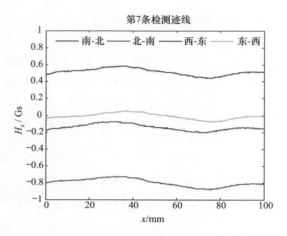

图 3-20　试件不同放置方向下第 7 条迹线的切向磁场分布（见彩插）

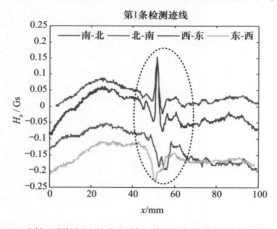

图 3-21　试件不同放置方向下第 1 条迹线的磁场分布（见彩插）

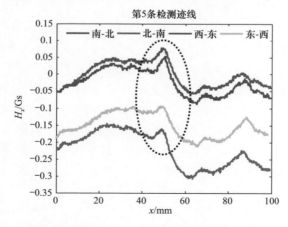

图 3-22　试件不同放置方向下第 5 条迹线的磁场分布（见彩插）

从图 3-21 和图 3-22 中可以看出，当试件存在缺陷时，放置方向会对试件表面磁场由一定影响，但对裂纹区域磁场分布影响较大，对应力集中缺陷区域的磁场分布影响很小。其原因主要在于试件有损伤缺陷时，测得的磁场分布形貌主要由试件自身漏磁场 H_B 和缺陷区域的漏磁场 H_p 共同决定，无损伤区域的检测结果说明放置方向会对 H_B 有较大影响，由于裂纹缺陷出现了有限宽度的强断裂面，试件在裂纹区域的磁导率急剧降低，试件自身感应磁场 H_B 会在裂纹缺陷区域出现畸变，进而对试件表面磁场分布产生较大影响，但由于应力集中缺陷区域的磁导率变化较为缓慢，所以试件自身漏磁场 H_B 仅仅在应力集中并且发生漏磁的地方有一定的改变。

如果将缺陷处应力和外磁场共同作用磁化产生的磁场称为"磁记忆性质磁场"，而外磁场对试件磁化作用产生的磁场称为"漏磁性质磁场"，则缺陷区域的磁场分布形貌是由"磁记忆性质磁场"和"漏磁性质磁场"共同决定。对于应力集中缺陷而言，由于"漏磁性质磁场"在应力集中缺陷区域畸变较小，缺陷区域的磁场分布特征以"磁记忆性质磁场"为主，试件放置方向对检测信号分布形貌影响很小。对于裂纹缺陷而言，由于出现了有限宽度的断裂面，"漏磁性质磁场"会在裂纹区域出现畸变，若应力和外磁场共同作用引起的"磁记忆性质磁场"远大于外磁场磁化引起的"漏磁性质磁场"，则测得的磁场信号还是以"磁记忆性质磁场"信号为主，若应力引起的磁化与外磁场磁化作用相似或者更小，则不同放置方向时，试件磁化状态发生变化，测得的磁场信号整体分布形貌也会发生较大变化。

环境磁场对金属磁记忆检测信号的影响是环境磁场（地磁场）、被测试件自身磁化状态以及试件材料的磁特性（缺陷类型）共同作用的结果，被测试件放置方向不同时，测得的磁场信号幅值不是简单的整体漂移，整体形貌上也可能会发生一定变化。在工程检测过程中，相对于被测试件的环境磁场应尽量保持不变。

磁记忆检测信号幅值与缺陷大小、分布等参数呈复杂的非线性变化关系，而应力集中、微观裂纹等缺陷区域的应力不是简单地均匀分布，涉及弹塑性力学、断裂力学等多个学科内容。就目前的研究而言，利用磁记忆信号对应力大小进行定量化评价还存在很大难度，但磁记忆方法仍然是一个应用前景广阔的无损检测技术，磁记忆检测的优势在于应力集中和微观裂纹等早期损伤处异变磁信号的快速和有效识别。但由于磁记忆检测属于一种弱磁检测方法，磁记忆检测信号易受多个干扰因素影响，容易出现漏检和误检的现象，因此，如何准确提取磁记忆信号特征、提高缺陷检测的准确率是本书需要研究的重点内容。

3.4　小结

本章首先从微观内在变化和宏观的外在测量两个角度对影响磁记忆检测中

力-磁耦合变化特征的关键因素进行探讨，其次，实验分析了环境磁场对磁记忆检测信号影响，通过研究得到以下结论：

（1）试件的初始磁化状态是影响力磁耦合变化特征的关键因素。由于不同试件的磁化历史不同，试件的初始磁化状态千差万别，微观上则表现为不同初始磁化状态试件的磁畴运动方式不同，而宏观上则是表现为力-磁耦合的变化趋势不同，即不同试件的磁记忆信号强度随着应力变化出现多种不同形式的变化趋势，且同一试件在整个应力作用区间也会出现不同的变化趋势。

（2）环境磁场对磁记忆检测信号的影响是环境磁场、测试件自身磁化状态、试件材料的磁特性（缺陷类型）三者耦合作用的结果。当环境磁场变化时，磁记忆信号不是简单的数值平移，而其整体分布形貌也可能会发生较大变化，因此，在实际检测中，相对被测试件的环境磁场应尽量保持一致。

通过本章研究，从物理本质上阐明了磁记忆检测中出现不同力磁变化关系的原因，为磁记忆检测缺陷建模和定量化分析提供理论依据。但需要注意的是，磁记忆检测信号与应力之间是呈复杂的非线性变化关系，而应力集中、微观裂纹等曲线区域的应力不是简单的均匀分布，涉及弹塑性力学、断裂力学等多个学科内容。就目前的研究而言，利用磁记忆信号对应力大小进行定量化评价还存在很大难度，但磁记忆方法仍然是一个应用前景广阔的无损检测技术，磁记忆检测的优势在于应力集中和微观裂纹等早期损伤处异变磁信号的快速和有效识别。但由于磁记忆检测属于一种弱磁检测方法，检测信号易受多种干扰因素影响，容易出现漏检和误检问题，因此，如何准确提取磁记忆信号特征、提高缺陷检测的准确率将是后面章节需要研究的重点内容。

参 考 文 献

[1] 张卫民，刘红光，孙海涛. 中低碳钢静拉伸时磁记忆效应的实验研究 [J]. 北京理工大学学报，2004，24（7）：571-574.

[2] 张颖，高晗，张盛瑀，等. Q235B 中心圆孔试件力-磁量化关系的实验研究 [J]. 机械强度，2015，37（4）：623-627.

[3] 郭鹏举，陈学东，关卫和，等. 低合金钢拉伸过程中的表面磁信号分析 [J]. 磁性材料及器件，2011，42（5）：51-5，78.

[4] 梁志芳，王迎娜，李午申，等. 拉伸实验中的金属磁记忆信号总体特征研究 [J]. 哈尔滨工业大学学报，2009，41（5）：99-101.

[5] 唐继红，潘强华，任吉林，等. 静载拉伸下磁记忆信号变化特征分析 [J]. 仪器仪表学报，2011，32（2）：336-341.

[6] 章鹏，刘琳，陈伟民. 磁性应力监测中力磁耦合特征及关键影响因素分析 [J] 物理学报，2013，62（17）：177501.

[7] 严密，彭晓领. 磁学基础与磁性材料 [M]. 浙江：浙江大学出版社，2006.

[8] 李建伟. 弱磁场下铁磁材料磁机械效应的理论和实验研究 [D]. 哈尔滨：哈尔滨工业大学. 2012.

［9］Jiles D C，Atherton D L. Theory of Ferromagnetic Hysteresis ［J］. Journal of Magnetization and Magnetic Materials，1986，61（1-2）：48-60.

［10］李路明，王晓凤，黄松岭. 磁记忆现象和地磁场的关系［J］. 无损检测，2003，25（8）：387-391.

［11］于凤云，张川绪，吴淼. 放置方向对磁记忆检测信号的影响［J］. 煤矿机械，2005（10）：149-152.

［12］于凤云，张川绪，吴淼. 检测方向和提离值对磁记忆检测信号的影响［J］. 机械设计与制造，2006（5）：118-120.

［13］付美礼，包胜，楼煌杰，等. 检测方位对金属磁记忆信号的影响：第26届全国结构工程学术会议论文集（第Ⅲ册）［C］. 北京：《工程力学》杂志社，2017.

［14］曾寿金，江吉彬，陈丙三，等. 地球磁场对磁记忆检测信号的影响研究［J］. 重庆科技学院学报（自然科学版），2011，13（3）：186-189.

［15］王文江，戴光. 疲劳断裂试件磁记忆检测结果及分析［J］. 大庆石油学院学报，2005，29（4）：83-85.

［16］张静，周克印，姚恩涛，等. 改进的金属磁记忆检测方法的探讨［J］. 理化检验，2004，40（4）：183-186.

［17］张静，周克印，路琴. 受扭轴类零件磁记忆信号的初步研究［J］. 理化检验，2005，41（12）：616-619.

［18］王丹，徐滨士，董世运，等. 关于金属磁记忆检测中背景磁场抑制的讨论［J］. 无损检测，2007，29（2）：71-73，99.

［19］刘美全. 铁磁材料损伤缺陷微磁生成机理及应用研究［D］. 石家庄：军械工程学院. 2007.

49

第4章　磁记忆梯度张量信号测量及特征提取

4.1　概述

磁记忆检测是一种根据铁磁构件表面漏磁场的变化特征进行诊断的无损检测方法，准确测量试件表面漏磁场分布和提取缺陷信号特征是磁记忆检测的前提。磁记忆信号属于一种弱磁场信号，其分布特征易受环境磁场及试件本身引起的漏磁场等背景磁场影响，而目前的磁记忆检测方法只能获取磁场部分有用信息，且测得信号与检测方向的选取密切相关，因此，需要研究一种更为可靠的信号测量和缺陷判断方法。

目前，磁记忆检测主要测量磁场的法向和切向分量信号，被提出并认为可作为磁记忆信号特征的方法主要有以下几种：①磁场分量过零点特征；②磁场梯度极值点特征；③区域信号极大值与极小值之差；④Lipschitz 指数特征；⑤磁记忆信号分形维数特征；⑥法向和切向信号联合检测的李萨如图特征。这些磁记忆信号特征无论是利用磁场强度、磁场梯度，还是利用磁记忆信号不规则程度来判断缺陷及缺陷位置，其本质都是根据磁场信号分布，找出磁场异常分布区域。目前的缺陷信号特征提取方法主要是针对单个磁场分量信号进行的，而在磁场信号测量的过程中，必然会涉及检测方向或者坐标系（一般情况下按照检测方向建立坐标系）的选取问题，这就要求在测量磁记忆信号的过程中，传感器敏感轴方向必须沿着缺陷的横向或纵向进行测量，才能得到最明显的缺陷信号特征。由于实际检测中的传感器敏感轴方向或检测方向的选取具有一定的随机性，当选择不同的检测路径方向时，测得的磁场分布和提取的磁场特征将会发生变化，这势必会影响到缺陷信号检测和判断的可靠性。

磁记忆信号测量可归类为一种磁场测量技术，现有的损伤评价参数都只是提取了磁信号的某些特征，并未进行全面的磁信号特征分析，具有一定的局限性[1]。随着磁传感器技术的不断发展，磁场测量技术已由最初的总场测量阶段逐渐发展到今天的磁梯度张量测量阶段[2]。与磁总场、磁分量场、磁总场梯度、磁分量梯度等磁场测量方法相比，磁梯度张量具有磁场信息丰富、不受测量总场的限制、不受传感器方向的选择影响等优点。Pedersen[3] 最早提出利用张量不变量、特征值及特征向量等磁源参数表征方法，并通过理论模型验证其可行性。在此理论基础上，文献[4]利用磁梯度张量的不变量、特征值之间关系，分析磁源体的几何结构。文献［5-6］将磁梯度张量测量方法应用到地质勘探中，研究利用磁梯度张量的总水平导数确定地质体边缘位置。文献［7-9］通过研究基于磁偶极子模型的单点定位方法，将磁梯度张量测量分析方法应用到隐藏磁性目标探测中，探测隐藏目标的位置和形状。

本章将磁梯度张量测量方法应用到磁记忆信号测量中，首先介绍磁梯度张量基本概念，设计磁记忆信号梯度张量测量方案，然后再分析磁记忆梯度张量信号各元素分布特点，研究利用总梯度模量作为磁记忆缺陷检测判断依据的可行性，最后，利用磁记忆梯度张量信号检测系统，实验验证实际缺陷的检测效果。

4.2 磁梯度张量测量基础理论

4.2.1 磁梯度张量定义

假设 $A = (a_{i_1 i_2 \cdots i_m})$，其中 $a_{i_1 i_2 \cdots i_m} \in R$，$1 \leqslant i_1$，$i_2$，$\cdots$，$i_m \leqslant n$，则称 A 为 m 维 n 阶张量。在三维空间中："0 阶张量"称为"标量"，包含 $3^0 = 1$ 个元素；"1 阶张量"称为"矢量"，包含 $3^1 = 3$ 个元素；"2 阶张量"称为"张量"，包含 $3^2 = 9$ 个元素。假设磁记忆信号在 3 个方向上磁场分量为 $H_p(x)$、$H_p(y)$、$H_p(z)$，则磁记忆信号可以用 9 个（3×3 的矩阵）空间梯度组成的张量表示为[10]

$$
G = \nabla H_p = \nabla \begin{bmatrix} H(x) \\ H_p(y) \\ H_p(z) \end{bmatrix} = \begin{bmatrix} \dfrac{\partial H_p(x)}{\partial x} & \dfrac{\partial H_p(x)}{\partial y} & \dfrac{\partial H_p(x)}{\partial z} \\[2mm] \dfrac{\partial H_p(y)}{\partial x} & \dfrac{\partial H_p(y)}{\partial y} & \dfrac{\partial H_p(y)}{\partial z} \\[2mm] \dfrac{\partial H_p(z)}{\partial x} & \dfrac{\partial H_p(z)}{\partial y} & \dfrac{\partial H_p(z)}{\partial z} \end{bmatrix} = \begin{bmatrix} H_{xx} & H_{xy} & H_{xz} \\ H_{yx} & H_{yy} & H_{yz} \\ H_{zx} & H_{zy} & H_{zz} \end{bmatrix}
$$

(4-1)

式中：磁分量在三个空间方向上的变化率 G 称为"磁梯度张量"；$H_{ij}(i, j = x, y, z)$ 为磁梯度张量元素。在三维空间中，磁场总场、磁场分量、磁梯度张量各个元素在直角坐标系中的关系如图 4-1 所示。

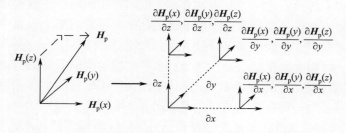

图 4-1 磁场总场、磁场分量（左）、磁梯度张量（右）

在磁记忆信号检测过程中，试件表面的漏磁场以及环境磁场都可以看作无源的静磁场。根据拉普拉斯方程组可知，在没有空间电流密度的测量区域内，磁场的散度 $\mathrm{div}\,\boldsymbol{H}_\mathrm{p}$ 和旋度 $\mathrm{rot}\,\boldsymbol{H}_\mathrm{p}$ 都为零（div 表示散度，rot 表示旋度），即

$$\begin{cases} \mathrm{div}\boldsymbol{H}_\mathrm{p} = \nabla \cdot \boldsymbol{H}_\mathrm{p} = \dfrac{\partial \boldsymbol{H}_\mathrm{p}(x)}{\partial x} + \dfrac{\partial \boldsymbol{H}_\mathrm{p}(y)}{\partial y} + \dfrac{\partial \boldsymbol{H}_\mathrm{p}(z)}{\partial z} = 0 \\ \mathrm{rot}\boldsymbol{H}_\mathrm{p} = \nabla \times \boldsymbol{H}_\mathrm{p} = \begin{bmatrix} i & j & k \\ \partial/\partial x & \partial/\partial y & \partial/\partial z \\ \boldsymbol{H}_\mathrm{p}(x) & \boldsymbol{H}_\mathrm{p}(y) & \boldsymbol{H}_\mathrm{p}(z) \end{bmatrix} = 0 \end{cases} \tag{4-2}$$

将式（4-2）展开后可得

$$\begin{cases} H_{xx} + H_{yy} + H_{zz} = 0 \\ H_{xy} - H_{yx} = 0 \\ H_{xz} - H_{zx} = 0 \\ H_{yz} - H_{zy} = 0 \end{cases} \tag{4-3}$$

将式（4-3）代入式（4-1）可得

$$\boldsymbol{G} = \begin{bmatrix} H_{xx} & H_{yx} & H_{zx} \\ H_{yx} & H_{yy} & H_{yz} \\ H_{zx} & H_{yz} & -H_{xx} - H_{yy} \end{bmatrix} \tag{4-4}$$

式（4-4）表明，$\boldsymbol{G}$ 是迹为 0 的实对称矩阵，磁记忆梯度张量 $\boldsymbol{G}$ 的 9 个元素中只有 5 个是相互独立的。因此，在实际测量中，只要确定 5 个独立元素，即可得到完整的磁梯度张量。

4.2.2 磁记忆梯度张量信号测量方案

现有的磁梯度张量信号测量系统，一般通过捷联于载体上的多个磁传感器按一定空间排布成阵列测量目标磁场，从而间接得到磁场梯度[11]。在矿产勘探、地质调查、反潜等领域，由于距离测量对象远、测量空间范围较大，利用上述方法同时测量磁场的梯度张量较为便利。但磁记忆检测关心的是磁极附近的磁场变化信息，这就要求检测信号时传感器尽量靠近试件表面，由于传感器自身具有一定的体积，多个传感器之间同时测量需要一定的安装距离，这就很难准确地获得较小的空间磁记忆信号变化信息。由于磁记忆梯度张量的 9 个元素中有 5 个是相互独立的，要获得完整的磁梯度张量信息，只需要知道两个方向上磁场的梯度信息。鉴于此，可根据磁记忆信号检测探头水平空域等间隔采样的特点，利用单个三轴磁传感器调整提离值的方法，测量计算出磁记忆信号的梯度张量信号，单个三轴磁敏传感器的磁梯度张量测量方案如图 4-2 所示。

图 4-2 中，A、B 点为测量平面高度等于 H_1 时的相邻测量点，L、M 点为测量平面高度等于 H_2 时与 A、B 水平位置相同的两个测量点，三轴传感器 x 轴灵敏

度方向与传感器移动方向一致，当水平采样间隔 Δx 和测量平面高度差 Δz（$\Delta z = H_2 - H_1$）足够小时，空间 A 点处的磁场梯度张量根据传感器的测量值可表示为

$$G \approx \begin{bmatrix} \dfrac{H_{Lx} - H_{Ax}}{\Delta x} & * & \dfrac{H_{Mx} - H_{Ax}}{\Delta z} \\[3mm] \dfrac{H_{Ly} - H_{Ay}}{\Delta x} & * & \dfrac{H_{My} - H_{Ay}}{\Delta z} \\[3mm] \dfrac{H_{Lz} - H_{Az}}{\Delta x} & * & \dfrac{H_{Mz} - H_{Az}}{\Delta z} \end{bmatrix} \tag{4-5}$$

式中：H_{ij} 为测得磁分量信号，i 为传感器所在的测量点位置，j 为对应的方向；* 所表示的要素可由式（4-2）中的相互关系求解得到。

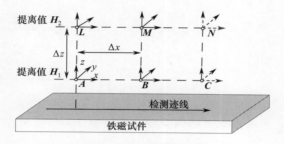

图 4-2　磁梯度张量测试方案

4.3　简单模型磁梯度张量分析

缺陷漏磁场的计算主要依据磁库仑定律以及依据环流假说建立的电磁理论，尽管目前还未发现独立存在的点磁荷（磁偶极子），但磁荷概念的引入给磁场计算带来诸多方便，是目前分析漏磁场的常用手段。在模拟计算缺陷漏磁场时，通常会利用点磁偶极子和线偶极子这两种基础形式的场源模型，模拟计算不同形状缺陷的漏磁场，本章以点磁偶极子和线偶极子这两种基础场源为例，研究这两种磁源形式的磁梯度张量分布特征。

4.3.1　磁偶极子模型

对于孔洞、凹坑等点状缺陷，常用点磁偶极子模型进行漏磁场模拟计算，如图 4-3 所示，点磁荷模型可以描述为距离为 $2a$、极性相反的两个点磁荷产生的磁场，根据静磁力学知识可知，点磁荷 m 在空间任意一点 $p(x, y, z)$ 所产生的磁场为

$$H = \frac{m}{r^3} r \tag{4-6}$$

式中：r 和 $\boldsymbol{r}$ 分别为点磁荷 m 到点 $p(x, y, z)$ 之间的距离和向量。

在测量点 $p(x, y, z)$ 处的磁场为

$$\boldsymbol{H} = \boldsymbol{H}_1 + \boldsymbol{H}_2 = \frac{m}{r_1^3}\boldsymbol{r}_1 + \frac{m}{r_2^3}\boldsymbol{r}_2 \tag{4-7}$$

式中：$\boldsymbol{r}_1 = \sqrt{(x+a)^2 + y^2 + z^2}$ ；$\boldsymbol{r}_2 = \sqrt{(x-a)^2 + y^2 + z^2}$ 。

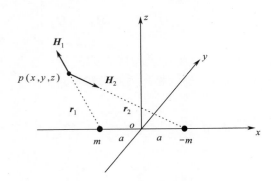

图 4-3　点磁偶极子模型

根据式（4-7）可以得到磁偶极子模型在任意一点 $p(x, y, z)$ 处 x、y、z 方向上的 3 个分量分别为

$$H_x = \frac{m \cdot (x+a)}{\left[(x+a)^2 + y^2 + z^2\right]^{3/2}} + \frac{-m \cdot (x-a)}{\left[(x-a)^2 + y^2 + z^2\right]^{3/2}} \tag{4-8}$$

$$H_y = \frac{m \cdot y}{\left[(x+a)^2 + y^2 + z^2\right]^{3/2}} + \frac{-m \cdot y}{\left[(x-a)^2 + y^2 + z^2\right]^{3/2}} \tag{4-9}$$

$$H_z = \frac{m \cdot z}{\left[(x+a)^2 + y^2 + z^2\right]^{3/2}} + \frac{-m \cdot z}{\left[(x-a)^2 + y^2 + z^2\right]^{3/2}} \tag{4-10}$$

对磁场分量的在 x、y、z 三个方向求空间变化率，可以得到点磁偶极子的梯度张量元素为

$$H_{xx} = \frac{m \cdot \left[-2(x+a)^2 + y^2 + z^2\right]}{\left[(x+a)^2 + y^2 + z^2\right]^{5/2}} - \frac{m \cdot \left[-2(x-a)^2 + y^2 + z^2\right]}{\left[(x-a)^2 + y^2 + z^2\right]^{5/2}} \tag{4-11}$$

$$H_{yy} = \frac{m \cdot \left[(x+a)^2 - 2y^2 + z^2\right]}{\left[(x+a)^2 + y^2 + z^2\right]^{5/2}} - \frac{m \cdot \left[(x-a)^2 - 2y^2 + z^2\right]}{\left[(x-a)^2 + y^2 + z^2\right]^{5/2}} \tag{4-12}$$

$$H_{zz} = \frac{m \cdot \left[(x+a)^2 + y^2 - 2z^2\right]}{\left[(x+a)^2 + y^2 + z^2\right]^{5/2}} - \frac{m \cdot \left[(x-a)^2 + y^2 - 2z^2\right]}{\left[(x-a)^2 + y^2 + z^2\right]^{5/2}} \tag{4-13}$$

$$H_{xy} = \frac{-3m \cdot (x+a) \cdot y}{\left[(x+a)^2 + y^2 + z^2\right]^{5/2}} + \frac{3m \cdot (x-a) \cdot y}{\left[(x-a)^2 + y^2 + z^2\right]^{5/2}} \tag{4-14}$$

$$H_{xz} = \frac{-3m \cdot (x+a) \cdot z}{\left[(x+a)^2 + y^2 + z^2\right]^{5/2}} + \frac{3m \cdot (x-a) \cdot z}{\left[(x-a)^2 + y^2 + z^2\right]^{5/2}} \tag{4-15}$$

$$H_{yz} = \frac{-3m \cdot y \cdot z}{[(x+a)^2 + y^2 + z^2]^{5/2}} + \frac{3m \cdot y \cdot z}{[(x-a)^2 + y^2 + z^2]^{5/2}} \qquad (4\text{-}16)$$

根据上述推导公式，可以计算得到点磁偶极子模型产生的磁场分量、磁梯度张量元素在观测平面上（测量高度为 a，测量范围为 $10a \times 10a$）的平面分布如图 4-4 和图 4-5 所示。

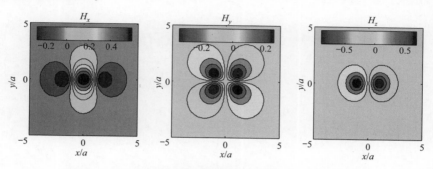

图 4-4　点磁偶极子磁场分量平面分布图

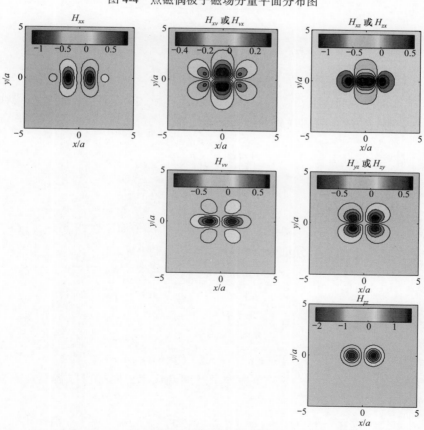

图 4-5　点磁偶极子梯度张量元素平面分布图

4.3.2 线偶极子模型

当缺陷的走向长度远大于其截面宽度和深度时，缺陷的漏磁场可以用图 4-6 所示的线磁偶极子模型进行描述。线偶极子模型由符号相反、线磁荷密度相等的磁荷线组成，磁荷线的距离为 $2a$，在空间任意一点 $p(x, y, z)$ 所产生的磁势为

$$H = \int_{-l/2}^{l/2} \frac{\sigma_l}{r^3} r \mathrm{d}l \qquad (4\text{-}17)$$

式中：r 和 r 分别为磁荷线上的点到空间点 $p(x, y, z)$ 之间的距离和向量。

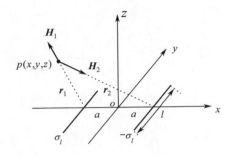

图 4-6　线磁偶极子模型

为计算方便，假设磁荷线在 y 轴方向无限延伸，则不同极性的磁荷线在空间点 $p(x, y, z)$ 处产生的场强分别为

$$H_1 = \frac{\sigma_l}{r_1^2} r_1 \qquad (4\text{-}18)$$

$$H_2 = \frac{-\sigma_l}{r_2^2} r_2 \qquad (4\text{-}19)$$

根据式（4-18）和式（4-19），可以得到线偶极子模型在任意一点 $p(x, y, z)$ 处 x、y、z 方向上的 3 个分量分别为

$$H_x = \frac{\sigma_l \cdot (x + a)}{(x + a)^2 + z^2} + \frac{-\sigma_l \cdot (x - a)}{(x - a)^2 + z^2} \qquad (4\text{-}20)$$

$$H_y = 0 \qquad (4\text{-}21)$$

$$H_z = \frac{\sigma_l \cdot z}{(x + a)^2 + z^2} + \frac{-\sigma_l \cdot z}{(x - a)^2 + z^2} \qquad (4\text{-}22)$$

对磁场分量的在 x、y、z 三个方向求空间变化率，同样可以得到点磁偶极子的梯度张量为

$$H_{xx} = \frac{\sigma_l \cdot \left[-(x + a)^2 + z^2 \right]}{\left[(x + a)^2 + y^2 + z^2 \right]^2} + \frac{-\sigma_l \cdot \left[-(x - a)^2 + z^2 \right]}{\left[(x - a)^2 + y^2 + z^2 \right]^2} \qquad (4\text{-}23)$$

$$H_{xz} = \frac{-2\sigma_l \cdot (x+a) \cdot z}{[(x+a)^2 + y^2 + z^2]^2} + \frac{2\sigma_l \cdot (x-a) \cdot z}{[(x-a)^2 + y^2 + z^2]^2} \quad (4\text{-}24)$$

$$H_{zz} = \frac{\sigma_l \cdot [(x+a)^2 - z^2]}{[(x+a)^2 + y^2 + z^2]^{5/2}} + \frac{-\sigma_l \cdot [(x-a)^2 - z^2]}{[(x-a)^2 + y^2 + z^2]^{5/2}} \quad (4\text{-}25)$$

根据式（4-23）~式（4-25），可以计算得到线磁偶极子模型产生的磁场分量、磁梯度张量元素在观测平面上（测量高度为 a，测量范围为 $10a\times10a$）的平面分布如图 4-7、图 4-8 所示。

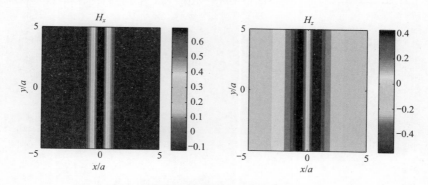

图 4-7　线磁偶极子磁场分量平面分布图

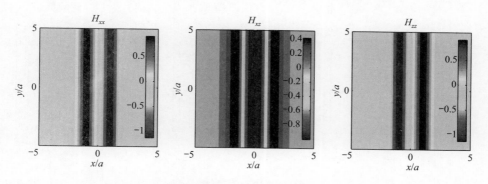

图 4-8　线磁偶极子梯度张量元素平面分布图

对比磁偶极子模型的磁场分量分布图和磁场梯度张量分布图可以看出，磁梯度张量比磁场分量包含更多的磁场分布变化信息，这将有利于提取更多的缺陷区域磁场信号特征。

4.3.3　磁梯度张量信号的特点分析

根据磁梯度张量的计算原理，可以计算得到点磁偶极子和线磁偶极子模型的磁分量、磁梯度张量、磁强总强度的等值平面分布图，结合磁偶极子模型对磁梯度张量信号的部分特点进行分析。

（1）不同的磁梯度张量元素分别突出了缺陷漏磁场不同方向的特征。

如图 4-9 所示：H_{xx} 元素优先反映磁源 x 方向的位置；H_{yy} 元素优先反映磁源 y 方向的位置；H_{zz} 元素优先反映磁源深度分布情况；H_{xy}/H_{yx} 元素优先勾画出磁源的边界位置；H_{xz}/H_{zx} 元素优先反映磁源 x 方向的边界位置；H_{yz}/H_{zy} 元素优先反映磁源 y 方向的边界位置。

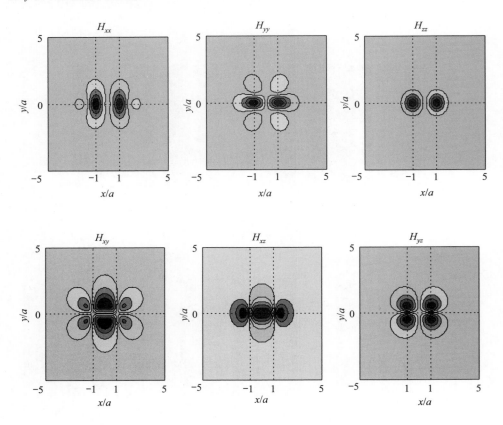

图 4-9　点磁偶极子梯度张量元素平面分布图

（2）磁梯度张量元素比磁场分量的分辨率更高。

如图 4-10 所示，磁梯度张量元素能够更有效地识别距离较近的缺陷位置，根据磁偶极子模型的磁分量及磁梯度张量的表达式亦可证明这一观点。

相比于传统的单个方向上磁场梯度，磁梯度张量可以提供更丰富磁场的信息，磁场各个方向的梯度都可以在一定程度上反映缺陷处的磁场变化情况，相互验证可以提高磁记忆检测的可靠性，但同时也增加了数据处理和解释的难度，需要研究适用于这种测量方法的数据解释方法。

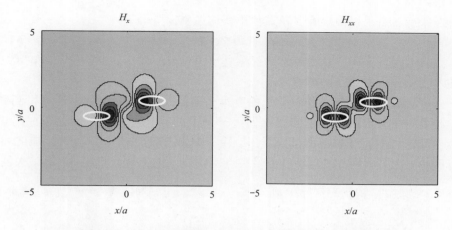

图 4-10 H_x 和 H_{xx} 分辨率对比（白色圆圈表示目标位置）

4.4 磁梯度张量信号不变特征量

同磁矢量测量方法一样，磁梯度张量元素的测量结果受到检测方向的影响，除了 5 个独立元素反映缺陷信息之外，磁梯度张量还提取许多漏磁场不变特征量，如磁梯度张量矩阵的特征值、特征向量等[12]，这些是不随检测方向与缺陷的夹角变化的磁场特征信息。总梯度模量也是磁梯度张量的一种旋转不变特征量，下面对总梯度模量进行介绍，并分析其作为磁记忆检测缺陷判断依据的可行性。

4.4.1 总梯度模量的概念及性质

总梯度模量又称为解析信号振幅，在笛卡儿坐标系中，其计算公式为[13]

$$C_T = \sqrt{\boldsymbol{G} \cdot \boldsymbol{G}'} = \sqrt{\sum (H_{ij})^2} \quad (i, j = x, y, z) \tag{4-26}$$

式中：C_T 为总梯度模量，是磁梯度张量的一种缩并运算量。将矩阵 $\boldsymbol{G}$ 中的 5 个独立元素缩并成了一个标量 C_T 可以提高系统的数据处理效率。从矩阵的观点来看，总梯度模量 C_T 属于梯度张量矩阵 $\boldsymbol{G}$ 的 F 范数：

$$C_T = \sqrt{\sum (H_{ij})^2} = \| \boldsymbol{G} \|_F \quad (i, j = x, y, z) \tag{4-27}$$

对于空间任意一测量点而言，假设不同检测方向的坐标系下测得的磁梯度张量分别为 $\boldsymbol{G}$ 和 $\tilde{\boldsymbol{G}}$，对应的总梯度模量为 C_T 和 $\tilde{C}_T$，则两个不同坐标系下的磁梯度张量矩阵 $\boldsymbol{G}$ 和 $\tilde{\boldsymbol{G}}$ 存在转换关系为[14]

$$\boldsymbol{G} = \boldsymbol{R} \tilde{\boldsymbol{G}} \boldsymbol{R}^T \tag{4-28}$$

式中：$\boldsymbol{R}$ 为两坐标系之间的旋转矩阵。

由于两坐标系之间的旋转矩阵 $\boldsymbol{R}$ 是列向量之间两两正交的酉矩阵，根据任意

矩阵左乘或者右乘以酉矩阵 F 范数值不变的性质，可得

$$C_{\mathrm{T}} = \left| \boldsymbol{G} \right|_{\mathrm{F}} = \left| \boldsymbol{R} \tilde{\boldsymbol{G}} \boldsymbol{R}^{\mathrm{T}} \right|_{\mathrm{F}} = \tilde{C}_{\mathrm{T}} \qquad (4\text{-}29)$$

式（4-29）表明，总梯度模量也是磁场的一个旋转不变特征量，理论上，其幅值不受检测方向变化的影响。

当得到磁场分量各个方向上的梯度时，根据式（4-26），可以计算得到磁场的总梯度模量。点磁偶极子和线磁偶极子模型的总梯度模量平面分布如图 4-11 所示，从二维平面分布图中可以看出，由于总梯度模量的值是与磁荷强度 m 和目标距离 r 相关的函数，总梯度模量在点磁荷或线磁荷的正上方处具有最大值。

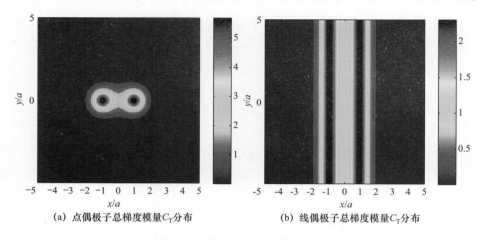

(a) 点偶极子总梯度模量C_{T}分布　　　　(b) 线偶极子总梯度模量C_{T}分布

图 4-11　点偶极子和线偶极子模型的总梯度模量平面分布图

通过对磁梯度张量信号特点分析可知，磁梯度张量元素比磁场分量具有更高的分辨率，总梯度模量是得到张量所有元素的平方和后开根号得到的，总梯度模量也同样具有较高的分辨率。当存在两对距离较近磁偶极子，如图 4-12 所示，相比于张量元素在单个相应方向具有较高分辨率，总梯度模量在不需要过度数据处理的情况下，可以在不同方向上都获得较高的分辨率。

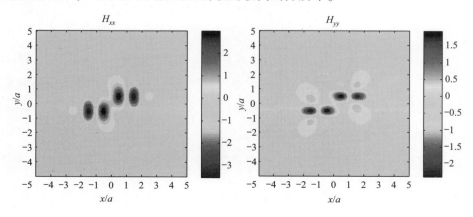

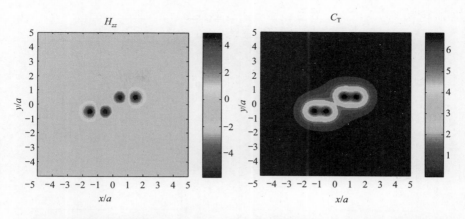

图 4-12　磁场分量梯度（H_{xx}，H_{yy}，H_{zz}）和总梯度模量（C_T）平面分布图

4.4.2　基于总梯度模量的缺陷检测

检测方向示意图如图 4-13 所示，利用线磁偶极子模拟线状缺陷，假设检测分别按照与缺陷分别成 90°（检测方向 1）、60°（检测方向 2）、30°（检测方向 3）及 0°（检测方向 4）4 个方向进行，来分析检测方向对磁记忆检测结果的影响。

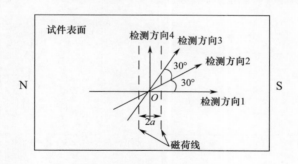

图 4-13　检测方向示意图

根据线磁偶极子模型，可以计算出不同检测位置处磁场分量、磁场梯度、总磁梯度模量的数值，其中磁场分量、磁场梯度（x 方向）分布曲线分别如图 4-13～图 4-16 所示。

从数值模拟的结果可以看出，选取不同检测方向会对磁分量以及磁分量梯度的幅值有影响，但是对磁梯度张量模量的幅值没有影响。传统方法获得了磁场的部分有用信息，在同一测量点处，当检测方向与磁荷线方向夹角从 90°（垂直）逐渐减至 0°（平行）时，测得的磁场分量以及磁场分量梯度的变化特征逐渐减弱，此时，利用磁分量、磁分量梯度则无法判断出磁场的异常变化，存在漏检的可能性。

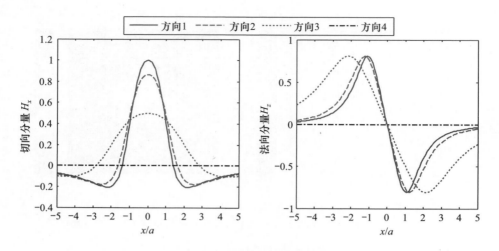

图 4-14 不同检测方向下测得的磁场分量信号曲线

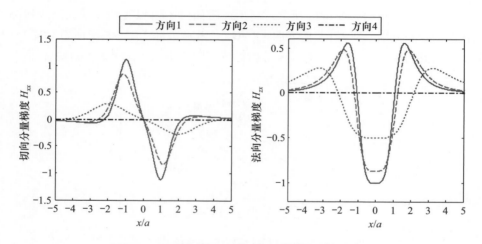

图 4-15 不同检测方向下测得的磁场梯度信号曲线

根据磁梯度张量计算得到总梯度模量，不同检测方向时，总梯度模量的分布曲线如图 4-16 所示。

从图 4-16 可以看出总梯度模量反映的是磁场空间变化率，当检测方向与磁荷线方向夹角逐渐减小时，虽然沿检测方向上的磁场梯度也随之减小，但其他两个方向的磁场分量梯度幅值会相应增大，在任意的检测方向下，通过或者接近缺陷区域时，总梯度模量的幅值会一直保持较大幅值。

根据数值仿真结果可以推测，当被测试件存在应力集中、裂纹等缺陷时，缺陷区域的漏磁场强度和极性会发生变化，且在缺陷边界区域磁场变化最为明显，总梯度模量可以反映磁场矢量空间上的变化，且不受选取的检测方向影响，因此，将总梯度模量作为磁记忆检测缺陷的判断依据，可以提高磁记忆检测的可靠性，并降低传感器和检测路径选取方向的限制要求。

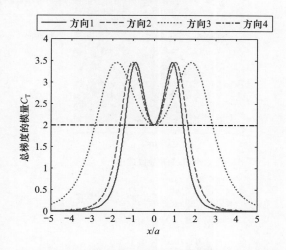

图 4-16　不同检测方向下测得的磁场梯度模量信号曲线

4.5　实验验证

实验分为裂纹试件检测和拉伸应力试件检测两部分：第一部分通过不同方向下对裂纹试件检测，验证检测方向对梯度张量测量方法的影响，分析缺陷区域总梯度模量的分布特征；第二部分通过对不同应力状态下试件检测，验证张量检测方法用于应力集中缺陷检测的有效性。

4.5.1　实验材料

选用 C45 钢制成板状试件进行裂纹和应力集中检测实验，C45 钢材的力学性能标准规定值和尺寸见表 4-1，表中：σ_s 为屈服强度，σ_b 为抗拉强度，δ 为伸长率。

表 4-1　C45 材料力学参数

钢种	σ_s /MPa	σ_b /MPa	δ /%
C45	600	355	16

实验中的裂纹试件用线切割方法加工而成，应力集中试件在 RGW-2030 型电子式万能试验机上拉伸得到，裂纹和应力集中缺陷试件形状及尺寸如图 4-17 所示。

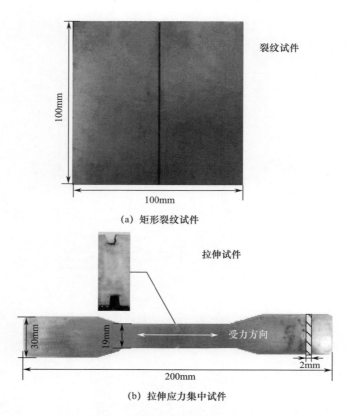

（a）矩形裂纹试件

拉伸试件

受力方向

（b）拉伸应力集中试件

图 4-17　裂纹和应力集中缺陷试件

4.5.2　裂纹试件检测结果及分析

为验证检测方向会对检测结果的影响，按图 4-18 所示方法分别以与裂纹夹角成 90°、45°和 0°的 3 个检测方向设置 5 个检测路径对试件表面磁场信号进行检测。

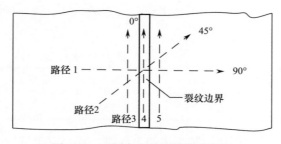

图 4-18　不同方向检测路径分布图

设置信号水平方向采样间隔设置为 0.2mm，传感器提离值高度 l 分别为 1mm 和 2mm，不同检测路径上磁场分量分布如图 4-19 所示。

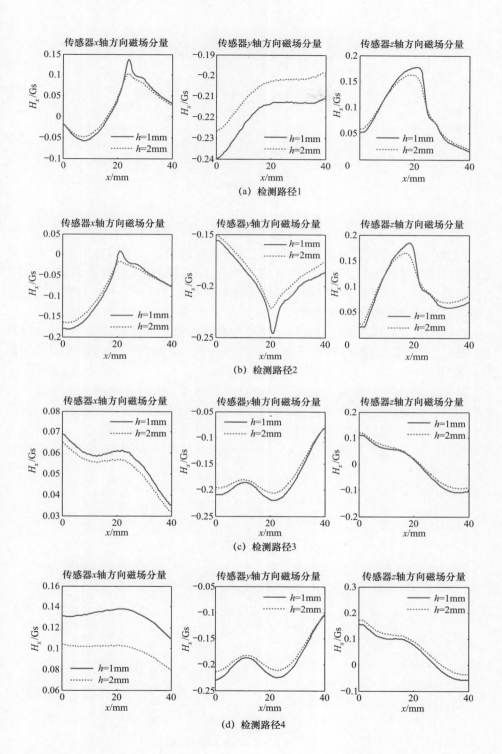

(a) 检测路径1

(b) 检测路径2

(c) 检测路径3

(d) 检测路径4

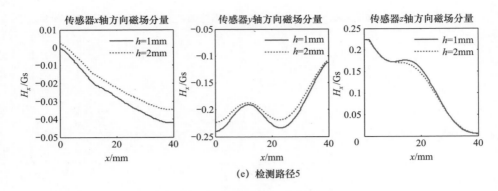

图4-19　不同检测路径上磁场分量分布曲线

从图4-19中可以看出，针对同一裂纹缺陷试件而言，不同检测路径下测量得到的磁场分量幅值及分布都发生了较大变化，而且受到试件自身漏磁场影响，裂纹区域的磁分量切向分量取极值和法向分量过零点的分布特征并不明显，很难对缺陷及缺陷位置做出准确判断。

为减小背景磁场影响，计算磁记忆信号梯度，以传感器提离值 $l=1\text{mm}$ 时测得的磁分量为例，求解得到磁场分量在检测方向（x 方向）上的梯度变化，如图4-20所示。

从图4-20中可以看出，裂纹区域磁场分量梯度的分布变化特征比磁场分量更为明显，但是也受到检测方向的影响，当检测方向与裂纹方向垂直时（检测路径1），缺陷的磁记忆分布特征最为明显，磁场分量梯度的幅值最大，当检测方向与裂纹方向平行时（检测路径4），磁场分量梯度几乎没有变化，无法判断是否存在缺陷。

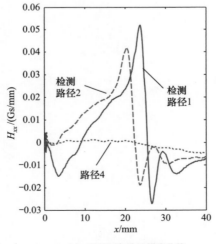

（a）磁场切向分量梯度曲线

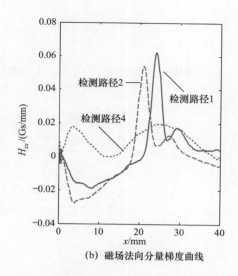

(b) 磁场法向分量梯度曲线

图 4-20　不同方向下磁场分量梯度分布

　　利用不同提离值下的磁场分量，根据式（4-5）解算磁场梯度张量所有元素，然后根据式（4-26）解算得到不同检测方向磁场的总梯度模量 C_T ，如图 4-21 所示。

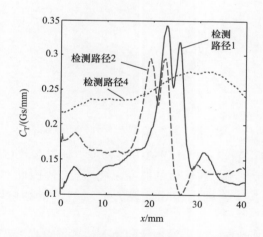

图 4-21　不同方向总梯度模量分布曲线

　　从图 4-21 中可以看出，当检测方向与裂纹夹角方向发生变化时，虽然测得的磁场分量有较大差别，解算得到的梯度值也会随检测路径不同相应发生变化，但对裂纹边界处的总梯度模量幅值影响很小，在不同检测检测方向时，缺陷区域的总梯度模量都保持在较大的幅值。当检测方向与裂纹方向平行时，检测路径 3~5 测得的磁场分量梯度和总梯度模量分布曲线如图 4-22 所示。

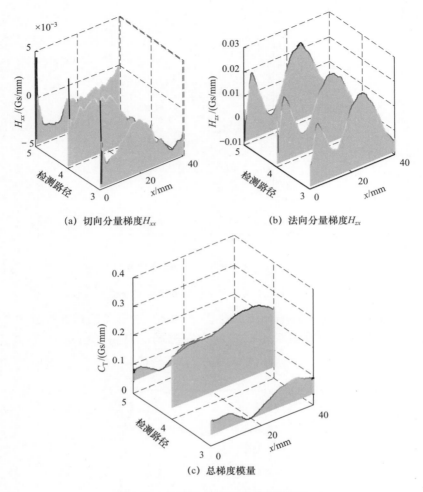

(a) 切向分量梯度H_{xx} (b) 法向分量梯度H_{zx}

(c) 总梯度模量

图 4-22   与裂纹方向平行时检测结果

从图 4-22 中可以看出，相比于磁分量梯度，通过裂纹区域的路径 4 测得的总梯度模量要明显大于无损伤区域的路径 3 和路径 5。因此，即使在检测方向与裂纹方向平行的情况下，根据相邻迹线的检测结果依然可以判断缺陷及缺陷位置。

裂纹检测的实验结果表明：在裂纹的边界位置处总梯度模量取极值，与理论分析的缺陷区域总梯度模量分布特征相吻合。而且总梯度模量是一个旋转不变特征量，将总梯度模量用作为缺陷判断依据，可以克服检测结果受检测方向影响的问题。

4.5.3   应力集中试件检测结果及分析

应力集中缺陷试件在 RGW-2030 型电子式万能试验机上拉伸得到，为得到不同应力集中程度下的拉伸试件，取同一批制的试件 A0 进行拉断实验，然后根据不同拉伸阶段试件 A0 的力学数据，分别将试件 A1～A4 拉伸至无明显屈服、屈服点、刚过屈服点及明显屈服点 4 个阶段，试件的拉伸应力和应变的关系如图 4-23 所示。

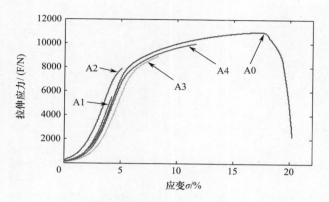

图 4-23 试件的拉伸应力和应变的关系

为验证磁梯度张量测量法应用于应力集中检测的有效性，对不同载荷拉伸后的试件 A1～A4 表面磁场进行测量，同裂纹检测实验分析方法一样，利用不同提离值的磁场分量测量数据求解得到磁分量梯度和磁梯度张量。其中，测量得到的磁场分量分布曲线如图 4-24 所示。

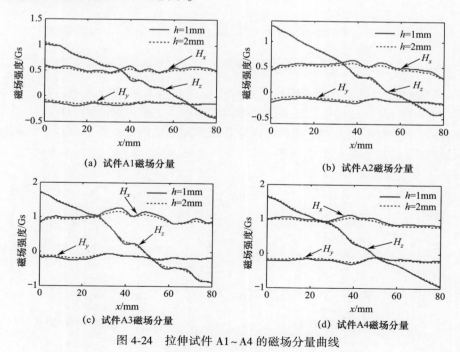

(a) 试件 A1 磁场分量

(b) 试件 A2 磁场分量

(c) 试件 A3 磁场分量

(d) 试件 A4 磁场分量

图 4-24 拉伸试件 A1～A4 的磁场分量曲线

从图 4-24 中可以看出，磁记忆信号属于弱磁信号，受到试件自身漏磁场影响，应力区域的磁分量分布特征并不明显，很难判断出试件是否存在应力集中以及应力集中位置。为降背景磁场等影响，解算得到磁场分量 x 方向上梯度如图 4-25 所示。

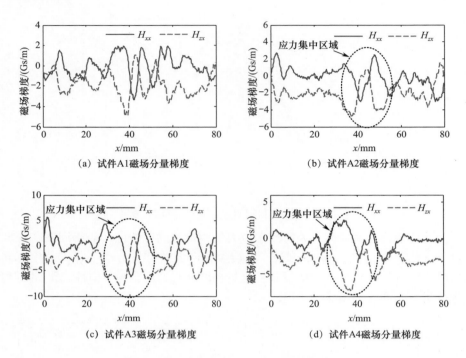

(a) 试件A1磁场分量梯度　　　　　　(b) 试件A2磁场分量梯度

(c) 试件A3磁场分量梯度　　　　　　(d) 试件A4磁场分量梯度

图 4-25　拉伸试件 A1~A4 的磁场梯度曲线

从图 4-25 中可以看出，磁分量梯度可以减小背景磁场的影响，但切向分量梯度和法向分量梯度整体出现多个过零点和极值点，准确判断应力集中缺陷位置十分困难。根据不同方向上磁场梯度计算得到磁记忆信号的总梯度模量，不同试件的总梯度模量分布如图 4-26 所示。

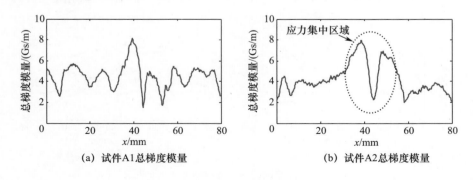

(a) 试件A1总梯度模量　　　　　　(b) 试件A2总梯度模量

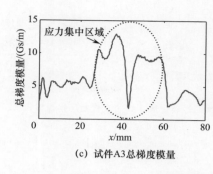

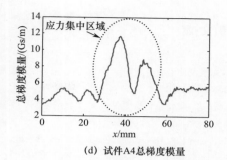

(c) 试件A3总梯度模量   (d) 试件A4总梯度模量

图 4-26　拉伸试件 A1～A4 的总梯度模量曲线

从图 4-26 中可以看出，总梯度模量可以反映磁记忆矢量信号空间上的变化信息，处于弹性阶段的试件 A1 表面磁场变化较为复杂，磁梯度张量模量幅值较小，在多个位置出现峰值，但随着载荷的逐步增大，试件拉伸至塑形阶段后，缺口对应处的应力集中现象更加显著，张量模量分布变化趋于稳定，在试件缺口的两侧位置处，磁梯度张量模量都出现峰值。

应力集中检测实验结果表明：相比于磁场分量、磁场分量梯度，磁梯度张量模量受背景磁场影响更小，而缺陷边界处的极值点特征更加明显。

4.6　小结

为充分利用磁记忆信号的矢量信息，提高磁记忆检测的可靠性，本章将磁梯度张量测量及分析方法引入磁记忆检测中：首先对磁梯度张量的概念及基本性质进行介绍；其次，针对多个磁梯度张量元素数据解释处理难度较大问题，提出以总梯度模的特征量作为磁记忆检测的缺陷判断依据；最后通过理论模型仿真和实验研究，对磁梯度张量测量分析方法的特点及优势进行对比分析。通过以上研究得到的结论如下：

（1）构件存在应力集中或微观等缺陷时，磁记忆信号的总磁梯度张量在缺陷的边界和中心处出现峰值，根据磁梯度张量模量幅值的分布对构件缺陷及缺陷位置进行判断；

（2）总梯度模量是磁梯度张量一种旋转不变的特征量，克服了传统测量方法磁场特征量受检测方向选取影响的问题，提高了磁记忆检测的可靠性。

相比其他磁信号测量方法，磁梯度张量测量方法具有信息丰富、受环境磁场及检测方向影响小等优点，获取了磁记忆矢量信号在空间三个正交方向上完整的变化信息，可为进一步分析磁记忆信号特征奠定基础。但同时也注意到，在磁场信号的测量过程中，受环境磁场等因素干扰，磁场检测信号中不可避免地存在一定噪声，这会对磁梯度张量的解算精度造成严重影响，因此，如何降低检测信号中的噪声干扰也是本书研究的一个重要内容。

参考文献

[1] 王威，易术春，苏三庆，等．金属磁记忆无损检测的研究现状和关键问题［J］．中国公路学报，2019，32（9）：1-21.

[2] 张昌达．航空磁力梯度张量测量——航空磁测技术的最新进展［J］．工程地球物理学报，2006，3（5）：354-361.

[3] Pedersen L B. The gradient tensor of potential field anomalies：some implications on data collection and data processing of maps［J］. Geophysics, 1990, 55（12）：1558-1566.

[4] 孟慧．磁梯度张量正演、延拓、数据解释方法研究［D］．吉林：吉林大学，2012.

[5] 王万银．位场总水平导数极值空间变化规律研究［J］．地球物理学报，2010，25（1）：196-210.

[6] 马国庆，李丽丽，杜晓娟．磁张量数据的边界识别和解释方法［J］．石油地理物理勘探，2012，47（5）：815-821.

[7] 于振涛，吕俊伟，毕波，等．四面体磁梯度张量系统的载体磁干扰补偿方法［J］．物理学报，2011，63（11）：1-5.

[8] 张光，张英堂，李志宁，等．载体平动条件下的磁梯度张量定位方法［J］．华中科技大学学报，2013，41（1）：21-24.

[9] Yin Gang, Zhang Yingtang, Fan Hongbo, et al. Magnetic dipole localization based on magnetic gradient tensor data at a single point［J］. Journal of Applied Remote Sensing, 2014, 8（083596）：1-18.

[10] 陈海龙，王长龙，朱红运．基于磁梯度张量的金属磁记忆检测方法［J］．仪器仪表学报，2016，37（3）：602-609.

[11] Yin Gang, Zhang Yingtang, Li Zhining, et al. Detection of ferromagnetic target based on mobile magnetic gradient tensor system［J］. Journal of Magnetism and Magnetic Material. 2016, 402：1-7.

[12] 尹刚，张英堂，李志宁，等．磁偶极子梯度张量的几何不变量及其应用研究［J］．地球物理学报，2016，59（2）：749-756.

[13] 江胜华，申宇，褚玉程．基于磁偶极子的磁场梯度张量缩并的试验验证及相关参数确定［J］．中国惯性技术学报，2015，23（1）：103-106，114.

[14] 吴星，王凯，冯炜，等．基于非全张量卫星重力梯度数据的张量不变量法［J］．地球物理学报，2011，54（4）：966-976.

第 5 章　磁记忆梯度张量测量信号预处理方法

5.1　概述

第 4 章研究了磁记忆梯度张量信号测量和分析方法，磁记忆梯度张量信号是通过解算磁分量在不同空间方向上的差分信号得到的，但受到被检试件表面粗糙度、环境背景磁场和系统噪声等因素影响，测量得到磁场分量信号中通常附带有大量干扰噪声。在磁分量信号中，除了脉冲干扰噪声外，随机干扰噪声也会在信号曲线中形成很小的"毛刺"，由于"毛刺"的斜率通常很大，经过差分运算后，这些"毛刺"同样会变成很大的噪声信号，对磁记忆信号梯度张量信号解算精度造成严重影响[1]。因此，在解算磁记忆梯度张量之前，必须对磁分量测量信号进行降噪处理。

目前，针对磁记忆信号预处理，主要有小波降噪、EMD 分解降噪等处理方法。因小波变换具有"数学显微镜"和多分辨率的特性，在磁记忆信号降噪处理中得到了广泛应用，如：文献［2］通过对磁记忆信号进行小波分解，设置小波阈值函数进行信号重构和降噪；针对传统阈值法中小波系数容易存在偏差、重构信号振荡等问题，文献［2-3］对传统小波阈值函数进行改进，并提出了自适应小波阈值算法，提高磁记忆信号的信噪比。小波降噪方法对白噪声有较强的抑制能力，能够基本消除磁记忆信号中随机噪声的干扰，但小波降噪的效果与小波参数的选择有关，当噪声类型和强度发生变化时，重新选择合适的小波参数存在一定的困难[4]。与小波分析方法相比，EMD 方法突破了信号处理"先验"缺陷，依赖于信号本身进行自适应分解，无需设定任何基函数，且有较高的时频分辨率。文献［5］对信号进行 EMD 分解和 EEMD 分解，然后结合小波阈值降噪方法实现磁记忆信号预处理，但未考虑信号中存在脉冲噪声时，EMD 分解得到的各模态分量容易出现频率上的重叠和产生虚假分量的问题。EMD 分解降噪方法适用于非线性的磁记忆信号的预处理，但当待分解信号中存在较强的脉冲干扰噪声时，会严重影响 EMD 模态分量的质量，给进一步消除干扰噪声带来了困难。形态滤波作为一种典型的非线性滤波方法，只要选取合适的结构元素，就能够根据信号自身特点，有效去除脉冲噪声的干扰。因此，信号在进行 EMD 分解之前，可先利用形态滤波消除脉冲噪声的干扰。

在磁记忆分量信号降噪处理的过程中，须在消除不同类型的噪声干扰的同时，保留磁场幅值和方向上变化信息。本章根据矢量合成原理，将 3 个磁分量信号转换成总场幅值和方向余弦信号，利用形态滤波消除幅值和方向信号中瞬时脉冲和强随机干扰噪声，保证 EMD 分解的正确性。然后对形态滤波后信号进行 EMD 分解后，筛选并剔除噪声模态分量，进行阈值滤波和信号重构。最后利用重构后的幅值和方向信号解算得到各磁场分量，达到磁梯度张量测量信号预处理的目的。

5.2 数学形态滤波降噪原理

形态滤波器作为一种基于数学形态学的非线性滤波器，其思想是预先设计一个称作结构元素的探针，利用该探针在被处理信号中不断移动，对被处理信号的几何特征进行匹配和局部修正，以达到有效提取信号的边缘轮廓和抑制噪声的目的。

5.2.1 形态学滤波算法设计

数学形态学滤波主要包含腐蚀、膨胀、形态开运算和形态闭运算 4 种基本运算算子[6]。设 $f(n)$ 和 $g(n)$ 分别为定义在两个离散域 $F = \{0, 1, \cdots, N-1\}$ 和 $G = \{0, 1, \cdots, M-1\}$ 的实函数，其中 $N>M$，$f(n)$ 为输入信号，$g(n)$ 为结构元素。则 $f(n)$ 关于 $g(n)$ 的腐蚀运算（Θ）和膨胀运算（$\oplus$）分别定义为

$$(f \Theta g)(n) = \min_{m=1, 2, \cdots, M} [f(n+m) - g(m)] \qquad (5-1)$$

$$(f \oplus g)(n) = \max_{m=1, 2, \cdots, M} \{f(n-m) + g(m)\} \qquad (5-2)$$

形态开运算（$\circ$）和形态闭运算（$\cdot$）分别定义为

$$(f \circ g)(n) = (f \Theta g \oplus g)(n) \qquad (5-3)$$

$$(f \cdot g)(n) = (f \oplus g \Theta g)(n) \qquad (5-4)$$

根据 4 个基本算子可以构建 4 种最基本的形态滤波器，即形态腐蚀滤波器、形态膨胀滤波器、形态开滤波器和形态闭滤波器。利用含有脉冲噪声的一维仿真信号，采用相同的线性结构元素的 4 种滤波器滤波效果分别如图 5-1~图 5-4 所示。

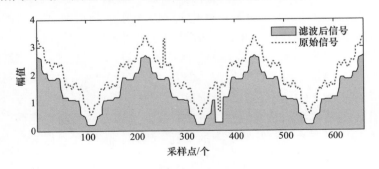

图 5-1 形态腐蚀滤波器滤波效果

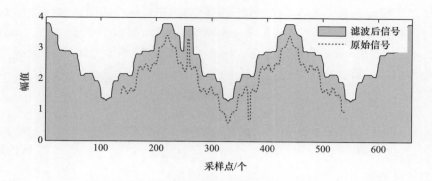

图 5-2　形态膨胀滤波器滤波效果

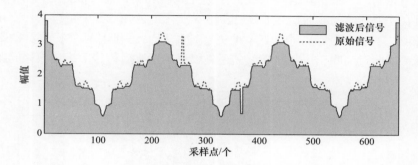

图 5-3　形态开滤波器滤波效果

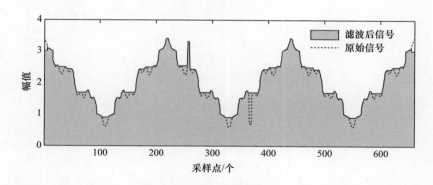

图 5-4　形态闭滤波器滤波效果

对比图 5-1~图 5-4 滤波后信号曲线可以看出，每种滤波器都可以在一定程度上提取信号的轮廓信息，但滤波效果有所区别：形态腐蚀和形态膨胀滤波器虽然可以抑制噪声，但信号幅值整体发生漂移，不适合单独使用；形态开滤波器保留了信号的负脉冲噪声，但可以抑制信号中的峰值噪声，消除散点和毛刺；形态闭滤波器保留了信号的负脉冲噪声，但可以抑制信号中的低谷噪声、填平断点。

为了克服使用单个基本形态滤波器的弊端，在实际应用中，通常将上述 4 种基本滤波器以串联的形式连接起来，形成多种不同的级联形态滤波。如 Maragos[7-8] 将开、闭运算进行级联组合，构建了形态开-闭和形态闭-开滤波器，同时抑制信号中的正负脉冲噪声，形态开-闭和形态闭-开滤波器运算算法为

$$F_{OC}(f(n)) = (f \circ g \cdot g)(n) \tag{5-5}$$

$$F_{CO}(f(n)) = (f \cdot g \circ g)(n) \tag{5-6}$$

由于形态开的反扩展性和形态闭的扩展性会导致形态滤波过程中信号存在统计漂移现象。为此，可将开、闭运算构造开-闭和闭-开的滤波器进行平均组合，组合滤波器的输出信号为

$$y(n) = [F_{CO}(f(n)) + F_{OC}(f(n))]/2 \tag{5-7}$$

采用相同的一维仿真信号和线性结构元素，利用形态开-闭、形态闭-开滤波器、组合滤波器的滤波后信号曲线如图 5-5 所示。从图 5-5 中可以看出，由形态开-闭和闭-开滤波器可以同时消除正负脉冲噪声，而利用两个滤波器的平均组合，既可以同时消除正负脉冲噪声，还可以解决滤波后信号的统计漂移问题。

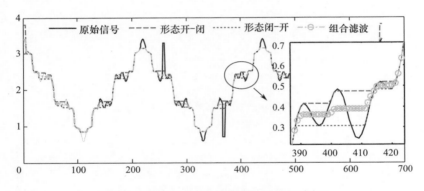

图 5-5 不同形态滤波器滤波效果（见彩插）

5.2.2 形态学滤波结构元素选取

结构元素在形态运算中的作用类似于一般信号处理中的滤波窗口，只有与结构元素的尺寸和形状相匹配的信号基元才能被保留，因此，除形态运算方式外，结构元素的选择是形态滤波器设计的另一个关键要素[9]。结构元素的选择主要包括形状、长度（结构元素的定义域）和高度（结构元素的幅值）3 个方面，对于待处理的信号而言，形态滤波器的最优结构元素由待处理信号的特征和滤波的目的决定。

如图 5-6 所示，常用的有半圆形、余弦形、三角形、直线型等几种不同类型结构元素。结构元素越复杂，与待处理信号特征越相似，相对而言滤波器的滤波效果也越好，但所耗费的时间也越长[3]。本章需要处理的磁记忆分量信号是一维

信号，其分布形态并不确定，因此在满足精度的前提下，选择最简单的直线型结构元素作为最优结构元素，同时，为了完整地保留信号的形状特征，将直线结构元素的幅值设为零。

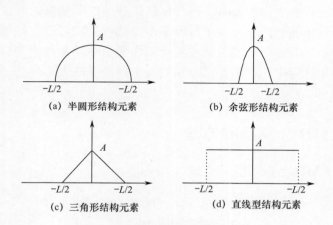

(a) 半圆形结构元素   (b) 余弦形结构元素

(c) 三角形结构元素   (d) 直线型结构元素

图 5-6   几种常用的结构元素

除结构元素形状之外，结构元素长度选取也至关重要。对于幅值为零的直线型结构元素而言，结构元素的长度是决定结构元素的唯一参数。为获取合理长度的结构元素，选用不同长度的结构元素，对含有不同宽度的脉冲噪声以及随机噪声信号进行仿真分析，滤波后结果如图 5-7 所示。

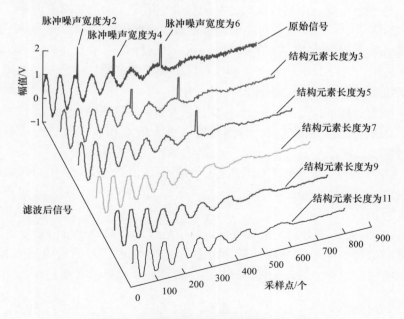

图 5-7   不同结构元素长度下的滤波波形

从图 5-7 中可以看出，不同长度的直线型结构元素滤波器的滤波效果存在一定差异。对于信号中的随机噪声，如果选择长度较短的结构元素，虽然可以较好地保持信号细节特征，但是降噪效果较差，如果选择结构元素的长度过长，则可以较大程度上抑制噪声，但会模糊信号的细节信息。对于信号中的脉冲噪声，只要结构元素的长度大于脉冲噪声的宽度，就可以很好地消除脉冲噪声影响。由于本章利用形态滤波的主要目的在于消除脉冲噪声和强随机干扰噪声，因此在使用过程中，只需要选择结构元素的长度略大于待处理信号中脉冲噪声的宽度即可。

5.3 EMD 分解降噪方法

5.3.1 EMD 分解原理

经验模态分解（Empirical Mode Decomposition，EMD）是由美国国家航空航天局（National Aeronautics and Space Administration，NASA）黄锷博士提出的一种信号处理方法[10]。与建立在先验性的谐波基函数和小波基函数上的傅里叶分解与小波分解方法不同，EMD 分解是依据信号自身的时间尺度特征，自适应地产生合适的内涵模态函数（Intrinsic Mmode Function，IMF），因此该方法理论上可以分解任意类型的信号。EMD 分解中内涵模态函数满足两个约束条件：

（1）数据的过零点与极值点的数量相差不超过 1 个；

（2）在任意点处，由局部极大值和局部极小值定义的包络均值为零。

在实际应用中，由于上下包络的均值很难取到零值，通常情况下利用两个连续的处理结果之间的标准差 SD 来判断第二个条件是否满足，SD 一般取值在 0.2~0.3 之间，这样 IMF 既有线性和稳定性也具有相应的物理意义。如图 5-8 所示，根据约束条件，EMD 分解过程可描述为：

（1）将要处理的信号作为 $s(t)$，找出所有极大值点和极小值点；

（2）采用三次样条插值法，分别将所有极大值点和极小值点连接起来，形成上下包络线，用信号 $s(t)$ 减去上下包络均值，其差即为 $h_1(t)$；

（3）考查 $h_1(t)$ 是否满足 IMF 条件，如果满足，则将 $h_1(t)$ 作为原始信号筛选出来的第一个 IMF 分量 c_1，否则，将 $h_1(t)$ 作为新的 $s(t)$ 重复上述过程，直到 $h_{1k}(t)$ 满足 IMF 条件；

（4）将 c_1 从 $s(t)$ 分离出来，将剩下的信号作为新的处理信号重复上述筛选步骤，直到得到一个不可分解的残余分量 r_n，它代表信号的均值或者趋势线。此时，原始信号就被分解成一些内涵模态分量和一个趋势项之和：

$$s(t) = \sum_{k=1}^{n} c_k(t) + r_n(t) \tag{5-8}$$

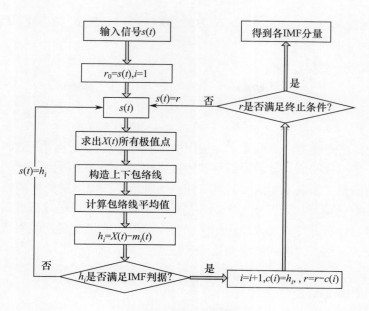

图 5-8　EMD 分解流程

5.3.2　EMD 降噪方法

EMD 分解得到的 IMF 分量是按照频率从高到低的顺序排列的。将 EMD 应用于"纯"白噪声信号分解的研究结果显示：随着分解深度的增加，所得的 IMF 能量以对数规律递减[11]，这表明受随机噪声干扰的观测信号，其低阶的 IMF 分量主要是高频的噪声成分，高阶的 IMF 分量则主要包含低频的源信号信息。当噪声分解为一个或者多个 IMF 分量时，通过筛选 IMF 分量就可以达到消除噪声的目的，但对于噪声和信号在 IMF 分量上混叠的情况，则需要利用类似小波阈值滤波的方法来消除噪声[11]。

常用的阈值函数主要分为硬、软阈值法两类，硬阈值函数表达式为

$$\hat{W}_{j,k} = \begin{cases} W_{j,k}, & |W_{j,k}| \geqslant \lambda_j \\ 0, & |W_{j,k}| \leqslant \lambda_j \end{cases} \qquad (5-9)$$

软阈值函数表达式为

$$\hat{W}_{j,k} = \begin{cases} \mathrm{sign}(W_{j,k}) \cdot (|W_{j,k}| - \lambda), & |W_{j,k}| \geqslant \lambda_j \\ 0, & |W_{j,k}| \leqslant \lambda_j \end{cases} \qquad (5-10)$$

式中：$W_{j,k}$ 为第 j 个含有噪声的 IMF 分量；$\hat{W}_{j,k}$ 为经过阈值降噪处理后的 IMF 分

量；λ_j 为阈值，$\lambda_j = \delta_j \sqrt{2\ln(N)}$，$N$ 为待处理信号长度，δ_j 为 IMF 分量的噪声水平。

由式（5-10）计算得到：

$$\begin{cases} \delta_j = \dfrac{\mathrm{MAD}_j}{0.6745} \\ \mathrm{MAD}_j = \mathrm{median}\left\{ |w_{j,k} - \mathrm{median}(w_{j,k})| \right\} \end{cases} \tag{5-11}$$

软、硬阈值降噪方法虽然在实际应用中都有较为广泛的应用，但都相应地存在一定的不足：软阈值处理后的信号整体连续性好，但大于阈值部分的分量信号会有恒定的偏差，影响重构信号的真实性；硬阈值算法可以避免软阈值的恒定偏差，但在 $\pm\lambda_j$ 处信号出现断点，影响信号的光滑性。为了克服软、硬阈值函数的不足，可以设计起点与软阈值算法相同，终点和硬阈值函数逼近的阈值函数，兼顾两种算法的优点。改进的阈值函数的表达式为

$$\hat{W}_{j,k} = \begin{cases} \mathrm{sign}(W_{j,k}) \cdot (|W_{j,k}| - \lambda \cdot \alpha), & |W_{j,k}| \geq \lambda_j \\ 0, & |W_{j,k}| \leq \lambda_j \end{cases} \tag{5-12}$$

式中：$\alpha = \exp(-m \cdot (|W_{j,k}| - \lambda_j)^2)$；$m$ 为一个正值的常数。

改进阈值函数与传统的软、硬阈值函数关系如图 5-9 所示，从图 5-9 中可以看出：当分量信号幅值 $|W_{j,k}| \to \lambda_j$ 时，$\alpha \to 1$，$\hat{W}_{j,k} \to 0$，改进阈值函数变为与软阈值函数相似，克服了硬阈值函数在 $\pm\lambda_j$ 处信号不连续的缺点，使信号更加光滑；随着 $|W_{j,k}|$ 逐渐增大，α 值逐渐减小，当 $|W_{j,k}| \to \infty$ 时，$\alpha \to 0$，$\hat{W}_{j,k} \to W_{j,k}$ 时，改进阈值函数与硬阈值函数滤波效果相似，克服了软阈值函数恒定偏差的不足。

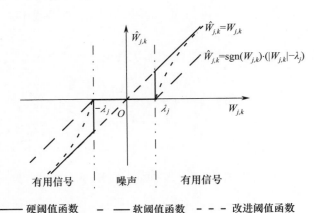

图 5-9　不同阈值函数关系图

5.4 磁记忆信号处理方法

5.4.1 基于形态滤波-EMD 的磁记忆信号处理流程

EMD 的分解特点决定了它在去除磁记忆信号中随机噪声应用中的优势，但当待分解信号中存在较强噪声，特别是强脉冲干扰时，容易造成 EMD 分解的各固有模态分量存在频率上的重叠或产生虚假分量，而形态滤波在滤去脉冲噪声和保持信号细节方面使用效果较好。因此，可以将形态滤波和 EMD 结合起来，消除测量过程中噪声的影响。

在处理磁记忆信号噪声时，以往的方法主要是针对磁场单个分量分别进行去噪滤波，这样无法同时保证该分量在不同方向上的梯度精度。不同方向上的磁场量之间存在着内在联系，其幅值大小与总场的幅值和方向相关，而磁矢量信号的幅值和方向在空间上都是连续变化的。因此，可以将 3 个磁场分量作为整体进行降噪处理，提高滤波后各磁场分量精度，具体实现流程如图 5-10 所示。

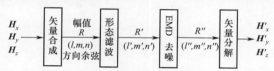

图 5-10 磁记忆信号处理流程

（1）根据矢量合成原理，将磁记忆分量信号转化成总场信号的幅值（R）及 3 个坐标轴的方向余弦（l，m，n）信号。

$$\begin{cases} R = \sqrt{|H_x|^2 + |H_y|^2 + |H_z|^2} \\ l = \dfrac{H_x}{R}, \ m = \dfrac{H_y}{R}, \ n = \dfrac{H_z}{R} \end{cases} \tag{5-13}$$

（2）根据信号的特点选取合适的结构元素对幅值和方向信号进行形态滤波，得到去除强随机噪声和脉冲噪声。

（3）对形态滤波后的信号进行 EMD 分解，筛选 IMF 分量并进行小波阈值滤波，去除随机噪声。

（4）根据矢量分解原理，求解各磁场分量幅值：

$$\begin{cases} H'_x = R'' \cdot \dfrac{l'}{\sqrt{l'^2 + m'^2 + n'^2}} \\[2mm] H'_y = R'' \cdot \dfrac{m'}{\sqrt{l'^2 + m'^2 + n'^2}} \\[2mm] H'_z = R'' \cdot \dfrac{n'}{\sqrt{l'^2 + m'^2 + n'^2}} \end{cases} \tag{5-14}$$

5.4.2 实测磁记忆信号处理及分析

为了验证磁梯度张量数据处理效果，对含有脉冲噪声和随机噪声的磁记忆的实测信号进行降噪处理实验。为了能够测量 x 和 z 轴方向上的磁分量梯度，设置传感器的提离值 l 分别为 1.0mm 和 1.1mm 进行水平移动采集信号，信号的水平采样长度为 40mm，采样间隔设为 0.1mm。以提离值 $l=1.0$mm 测得的磁场信号为例，3 个磁场分量及磁场分量梯度分布曲线如图 5-11 所示。

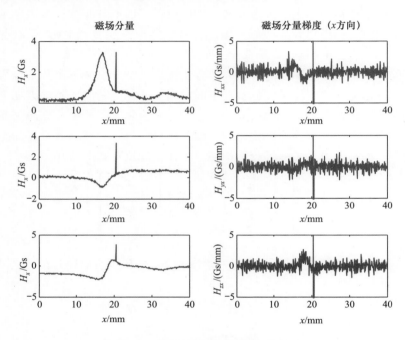

图 5-11 实测磁分量及其梯度信号

从图 5-11 中可以看出，实际检测信号中包含大量的随机噪声以及较强的脉冲噪声，当缺陷区域漏磁场信号变化较为缓慢时，有用的磁场梯度信息会被噪声淹没。

为了在磁记忆信号降噪处理的过程中，保证磁记忆信号幅值和方向处理结果的连续性，通过矢量合成方法建立不同方向磁场分量之间的联系，根据矢量合成原理，得到的磁记忆信号总场幅值和方向余弦信号曲线如图 5-12 所示。

观察图 5-12 可以发现，经过矢量合成后，脉冲噪声对总磁场幅值影响较大，但对方向余弦信号影响较小，这是因为方向余弦运算相当于一个自动增益滤波器，即不论 3 个磁场分量幅值取何值，方向余弦的取值都在 $-1\sim1$ 之间，这样可以使弱小的磁场变化得到"相对放大"，有利于保持磁场细节信息、提高降噪后的磁场分量精度。

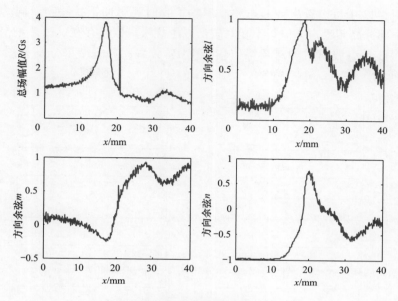

图 5-12　磁记忆总场幅值和方向余弦信号

　　在对矢量合成后的信号进行 EMD 分解之前，首先对原信号进行形态滤波降噪，消除信号中发脉冲和强随机干扰噪声。根据待处理信号中脉冲噪声的特点，选择长度略大于脉冲噪声延续时间的直线型的结构元素，然后根据式（5-7）构成的组合形态滤波器，得到滤波后的信号如图 5-13 所示。

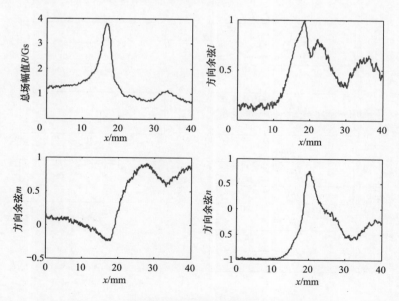

图 5-13　形态滤波后总场幅值和方向信号曲线

从图 5-13 中可以看出，形态滤波消除了瞬时强脉冲干扰噪声，同时还滤掉了信号中部分高频噪声，但频率相对较低，干扰噪声依然存在。以总场信号幅值为例，将形态滤波前后的总场幅值信号 EMD 分解，分解结果分别如图 5-14 和图 5-15 所示。

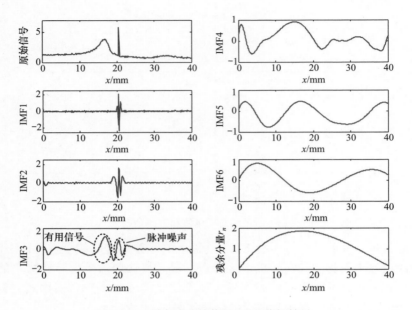

图 5-14　形态滤波前信号 EMD 分解结果

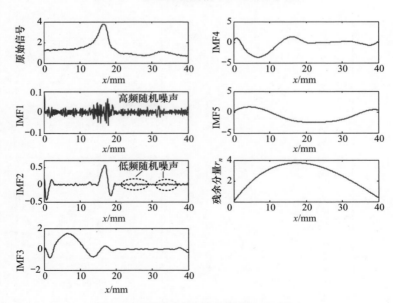

图 5-15　形态滤波后信号 EMD 分解结果

从图 5-14 中可以看出，当待分解信号中存在脉冲噪声时，脉冲噪声的影响会一直延续到高阶 IMF 分量中，由于 IMF 分量中有用信号与脉冲噪声出现频率上的混叠，各 IMF 分量经阈值滤波降噪后仍无法消除脉冲噪声影响，影响了EMD 分解降噪的效果。而从图 5-15 可以看出，经过形态滤波后总场幅值信号被分解成 6 个 IMF 分量和一个趋势项 r_n，其中 IMF1 分量幅值较小且在整个采样区间上分布较为稠密均匀，可以判定为噪声分量直接剔除，其他高阶分量重的低频随机噪声可以用阈值滤波方法消除。通过阈值运算后重构得到的总场幅值信号如图 5-16 所示，为了对比本章提出的噪声去除效果，图 5-16 还给出了传统低通滤波和小波阈值降噪后的信号曲线。

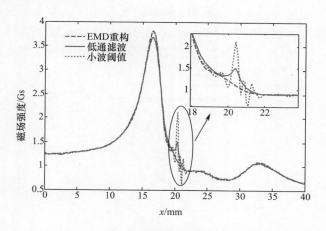

图 5-16　不同降噪方法结果比较

从图 5-16 中可以看出：传统低通滤波可以滤去高频噪声干扰，但依然存在部分低频噪声，而且滤除噪声的同时也削弱了有用信号的峰值；小波阈值降噪方法可以有效消除信号中的随机噪声，但对于强脉冲噪声抑制效果一般；本章提出的方法处理后的信号，波形变得比较光滑，各种噪声均得到有效消除的同时，保留了有用信号波形。根据式（5-14）、式（5-15）计算滤波后信号的信噪比（Signal to Noise Ratio，SNR）和均方根误差（Root Mean Square Error，RMSE），对 3种降噪方法的处理效果进行量化评判。

$$SNR = 10\lg\left\{\frac{\sum\limits_{n=1}^{N}s^2(n)}{\sum\limits_{n=1}^{N}\left[s(n) - \hat{s}(n)\right]^2}\right\} \tag{5-15}$$

$$RMSE = \sqrt{\frac{1}{N}\sum_{n=1}^{N}\left[s(n) - \hat{s}(n)\right]^2} \tag{5-16}$$

式中：$s(n)$ 为原始信号；$\hat{s}(n)$ 为降噪处理后的估计信号；N 为采样点。

量化评判结果见表 5-1，本章提出的降噪方法在信噪比和均方根指标上均优于传统低通滤波和小波阈值降噪。

表 5-1　不同降噪方法的信噪比和均方根误差

降噪方法	SNR/dB	RMSE/Gs
低通滤波	43.909	0.142
小波阈值	48.607	0.130
本章方法	51.013	0.115

得到消除噪声影响的方向余弦信号，根据矢量分解原理计算得到磁场分量。通过求解磁记忆信号各分量在 x 轴和 z 轴方向上的梯度，得到磁记忆信号梯度张量信息。在磁梯度张量元素中只有 5 个是相互独立的，直接解算得到的梯度张量 6 个元素中，梯度 H_{xz} 和 H_{zx} 理论上是完全对等的，根据降噪处理后磁分量实际解算得到的 H_{xz} 和 H_{zx} 分布曲线如图 5-17 所示。

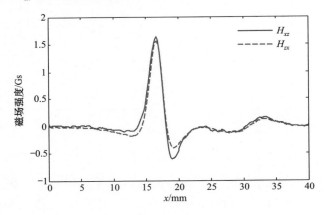

图 5-17　磁梯度 H_{xz} 和 H_{zx} 分布

从图 5-17 看以看出，将 3 个磁场分量作为整体进行降噪处理，同时保证了磁记忆信号总场和方向变化的连续性，解算得到的 H_{xz}、H_{zx} 分布曲线光滑且基本重合，能够满足磁记忆信号梯度张量分析要求。

5.5　小结

本章将形态滤波和 EMD 分解降噪方法组合应用到磁记忆信号的预处理中，首先利用形态滤波消除脉冲噪声及强随机干扰噪声，提高 EMD 分解质量，然后利用 EMD 分解降噪方法进一步消除随机噪声和局部干扰噪声，提高信号的信噪比，两种方法结合发挥各自优势，对信号中不同类型的噪声进行消除，主要研究结论如下。

（1）利用矢量合成的方法建立不同方向分量之间的联系，将分量测量信号转换成总场幅值和方向余弦信号分别处理，有利于保留磁记忆信号细节变化信息。

（2）针对待处理信号中含有的不同类型干扰噪声，设计了形态滤波和 EMD 分解组合降噪方法。利用形态滤波消除脉冲噪声及强随机干扰噪声，提高 EMD 分解质量。利用 EMD 分解降噪方法可进一步消除随机噪声和局部干扰噪声，提高信号的信噪比，两种方法结合发挥各自优势，可对信号中不同类型的噪声进行消除。

（3）将提出的信号降噪处理方法用于磁记忆实测信号的结果表明，该方法有效剔除了信号中不同类型噪声，提高了不同方向上磁分量梯度的解算精度，可为磁记忆梯度张量信号分析奠定基础。

参 考 文 献

［1］陈海龙，王长龙，左宪章，等．磁记忆梯度张量测量信号预处理方法［J］．系统工程与电子技术，2017，39（3）：488-4 93.

［2］易方，李著信，苏毅，等．基于改进型小波阈值的输油管道磁记忆信号降噪方法［J］．石油学报，2009，35（5）：673-683.

［3］王长龙，朱红运，徐超，等．自适应小波阈值的输油管道磁记忆信号降噪处理中的应用［J］．系统工程与电子技术，2012，34（8）：1555-1559.

［4］李季，潘孟春，唐莺，等．基于形态滤波和 HHT 的地磁信号分析与预处理［J］．仪器仪表学报，2012，33（10）：2175-2180.

［5］张雪英，谢飞，乔铁柱，等．基于与改进小波阈值的磁记忆信号降噪研究［J］．太原理工大学学报，2015，46（5）：592-597.

［6］赵春晖，孙圣和．自适应复合顺序形态滤波［J］．系统工程与电子技术，1997，20（7）：57-60.

［7］Maragos P，Schafer R W. Morphological filter-Part Ⅰ：Their set-theoretic analysis and relations to linear shift-invariant filters. IEEE Trans. 1987，35（8）：1153-1169.

［8］Maragos P，Schafer R W. Morphological filter-Part Ⅱ：Their relations to median，order-statistic，and stack filters. IEEE Trans. 1987，35（8）：1170-1184.

［9］吴小涛，杨锰，袁晓辉，等．基于峭度准则 EEMD 及改进形态滤波方法的轴承故障诊断［J］．振动与冲击，2015，34（2）：38-44.

［10］Norden E H，Zheng S，Steven R L，et al. The empirical mode decomposition and the Hilbert spectrum for nonlinear and non-stationary time series analysis［J］．Proceedings of Royal Society，1998，454：903-995.

［11］焦卫东，蒋永华，林树森．基于经验模态分解的改进乘性噪声去除方法［J］．机械工程学报，2015，51（24）：1-8.

第6章 基于磁记忆信号垂面特征分析的损伤状态识别

6.1 概述

相比于传统的无损检测技术，金属磁记忆检测技术不仅能够检测铁磁构件的宏观缺陷，还能发现以应力集中为特征的早期损伤缺陷。由于不同类型缺陷对试件表面漏磁场影响差异较大，任何单一的数学模型或者统计模型都不能准确地适用于不同类型缺陷的定量化分析，因此，在对缺陷进行定量化评估之前，首先需要对缺陷类型进行准确分类。

铁磁构件服役期间产生的缺陷，其状态可分为应力集中和裂纹两种形式，针对缺陷类型的识别问题，目前的磁记忆检测方法主要采用以下两种分类方法。一类是阈值分类法，即通过求取适合的磁信号特征值与阈值进行比较，判断试件的损伤状态，如：YAN等[1]采用磁记忆信号梯度 K 值特征识别炉管疲劳损伤区域，当 K 值大于 $12A/(m \cdot mm)$ 时，则认为炉管出现裂纹缺陷；黄海鸿等[2]利用法向磁场峰-谷值 $\Delta H_p(y)$ 和梯度最大值 K_{max} 表征 510L 钢疲劳损伤，指出宏观裂纹处磁信号特征量变化明显大于应力集中处；邢海燕等[3]提取多种磁记忆特征值，实现了焊缝隐性损伤的识别和定位。由于单一特征很难全面而准确地描述应力集中和缺陷信息，多个阈值共同判断时容易出现相互矛盾的结果，且阈值的选择目前还只能依靠大量的标定实验和操作人员的经验，因此，阈值分类法在工程应用中受到的限制条件较多。另一类是机器学习分类方法，即利用多个磁信号特征值作为输入特征量，经过多次机器学习后实现损伤状态的智能识别，如：邸新杰等[4]将磁记忆信号的小波包能量特征作为 BP 神经网络输入特征量，对焊缝中的裂纹缺陷进行智能识别；刘书俊等[5]将信号峰-峰值、谷-谷值、磁场梯度、检测信号宽度作为神经网络输入特征量，对油气管道缺陷类型识别；邢海燕等[6]利用磁记忆信号区域峰-峰值、法向梯度、信号强度变化率、信号能量等作为特征量，对焊接缺陷进行分类。神经网络法综合利用多个磁信号特征，降低了漏判、误判的偶然性，但神经网络法的识别效果与训练样本数量及质量有关。由于损伤状态特征的提取量及定量评价上没有得到很好的解决，目前磁记忆检测技术主要用来发现可能存在缺陷的位置，缺少对缺陷更深层次的分析，这很大程度上限制了磁记忆检测技术在实际工程中的应用范围。

目前难以建立统一的损伤状态判定准则，主要原因是利用单个检测平面内的磁记忆信号提取缺陷的磁参数特征存在两个局限性：一是测得磁记忆信号受测量参数（检测方向、提离值等）选取影响[7]，当检测方向与缺陷方向垂直时，信号对损伤较为敏感，平行时则不敏感，提离值选取不同时，对磁场强度的大小、分布及其梯度也会有较大影响，而在实际检测时无法保证检测方向与缺陷方向垂直，提离值选取也无统一标准；二是被测试件的物理状态的不确定性问题[8]，当试件的剩磁强度、缺陷尺寸、环境磁场等状态不同时，不同试件的相同类型损伤引起的磁记忆信号也会有较大区别。因此，要实现损伤状态的准确识别，首先需要消除上述不确定因素的干扰，提取裂纹等宏观缺陷和应力集中磁记忆信号分布特征的差异。

本章在利用磁梯度张量测量方法获取磁记忆信号变化信息的基础上，提取出磁场的旋转不变信号特征，消除检测方向因素的影响，然后，通过测量不同提离值下的磁记忆信号平面分布，获得损伤区域磁场垂向分布特征，消除提离值和试件物理状态因素的影响，最后，利用模型、实验分析裂纹和应力集中区域磁记忆信号垂向分布特征差异，为实现磁记忆检测缺陷的损伤状态识别研究提供一种新的研究思路。

6.2　磁记忆信号分布特征分析方法

从数学表达式角度来看，单个检测迹线上的磁记忆信号 H 分布本质上是一个与测量点位置 (x) 相关的一元函数，单个检测平面上的磁记忆信号 H 是一个与平面检测量点位置 (x, y) 相关的二元函数，在检测空间内磁记忆信号 H 分布则是一个与空间测量点 (x, y, z) 相关的三元函数。因此，在分析磁场分布特征时，可以从分析函数特征的角度对磁场分布特征进行分析。

以一元函数 $y = A \cdot \sin x$ 为例，在分析函数分布特征时，首先需要确定函数的特征值点，然后，根据特征值点处的一阶和二阶导数的变化特征，确定函数的单调性变化特征。函数的特征点主要包括零值点、拐点和极值点，$x = \pi/2 + k\pi$ 则为一元函数 $y = A \cdot \sin x$ 极值点，$x = k\pi$ 为一元函数 $y = A \cdot \sin(x)$ 零值点和拐点，然后根据一阶和二阶导数可以确定函数的单调性。$y = A \cdot \sin(x)$ 函数的振幅为 A，可以确定函数对应定义域的值域。根据函数的特征值点、单调性、值域，结合函数的奇偶性和周期性，可以刻画出一元函数整体的形态变化特征。一元函数特征的分析方法可以推广到二元或者三元函数中，磁记忆信号是一个在三维空间变化的磁场信号，因此，在分析磁记忆信号平面分布特征时，除了可以研究一元函数特征要素以外，还可以研究三元函数的偏导数特征，在分析磁记忆信号空间分布特征时，既可以分析信号的平面分布变化特征，又可以分析信号的垂面分布变化特征。

　　磁记忆信号的平面分布特征指由传感器距离被测试件表面同一高度测得的磁场分布特征（z 为固定值，函数在 x、y 方向变化特征），磁记忆信号的垂面特征是指由不同高度平面分布组成的断面特征（x、y 为固定值，函数在 z 方向变化的特征）。为了确定函数特征和缺陷之间的对应关系，可以用磁偶极子模型模拟计算漏磁场进行分析。由于在函数特征分析中，需要分析导数的变化，这里先不考虑 y 方向变化，求取单条检测迹线上磁场分量以及磁场分量水平方向梯度，对磁场特征量分布特征与磁偶极子关系进行说明。磁偶极子模型体与磁场分量、磁场分量梯度平面分布关系如图 6-1 所示。

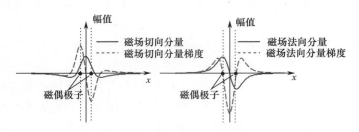

图 6-1　磁偶极子模型体与磁场分量、磁场分量梯度平面分布关系

　　根据一元函数分析方法，结合磁偶极子不同磁特征参量分布可以看出，磁场分量相当于一元函数，磁场分量梯度相当于一元函数的导数。磁场切向分量极值位置对应磁偶极子模型的中心位置，拐点位置对应为磁偶极子模型的边界位置，拐点之间的距离对应为磁偶极子模型的宽度。磁场法向分量与切向分量特征位置相反，极值位置对应为磁偶极子模型的边界，拐点为磁偶极子中心位置。

　　同样的方法可以计算得到磁偶极子模型体与磁场分量、磁场分量梯度的垂面分布关系，分别如图 6-2、图 6-3 所示。

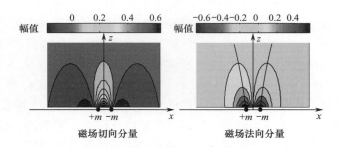

图 6-2　磁偶极子模型体与磁场分量垂面分布的关系

　　从图 6-2、图 6-3 中可以看出，磁场切向分量、磁场切向分量 z 方向梯度极值位置对应为模型体的中心位置，极大值的延伸方向对应模型体的中心线方向。磁场法向分量、磁场法向分量 z 方向梯度极值位置对应为模型体的边界位置，极大

值的延伸方向对应模型体的模型体的延伸方向，可以用来确定缺陷的走向。相比于单个平面分布特征，磁场的垂向特征还包含了不同高度下磁特征量的变化信息，根据极值的幅值变化情况，可以不受磁荷强度的影响，对模型体磁荷的垂向分布情况进行研究。

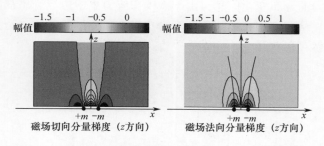

图 6-3　磁偶极子模型体与磁场分量梯度垂面分布的关系

6.3　不同损伤状态缺陷的磁记忆信号分布差异分析

大量的拉伸和疲劳试验表明：试件在应力或者循环应力作用下，损伤区域的磁记忆信号会出现切向磁场取极大值和法向磁场过零点特征，增加应力载荷或者循环应力次数，法向磁场过零点会发生一定的漂移，并逐步接近最终的裂纹断裂位置，当在试件出现裂纹时，裂纹断口两侧的磁记忆信号会发生激变[9]。现有的磁记忆检测方法，根据不同阶段磁记忆信号平面分布特征的变化，提取磁场分量或磁场分量梯度的极大值、峰-峰值、小波能量谱、曲线所围面积、平均值及极大值与平均值的比值等特征参数，对试件的损伤状态进行判断。利用磁记忆信号特征量的平面分布，找出零值点、极值点等特征点位置，可以对缺陷宽度、位置进行判断。但由于不同试件之间的初始磁状态有一定区别，而且磁记忆信号在不同变形阶段随载荷增长也并非单调地线性变化，在无法提供对被测试件不同阶段连续变化的磁记忆信号信息时，凭某一时刻的磁记忆信号平面分布提取的特征参数，准确判断缺陷的损伤状态还存在一定的难度[10-11]。

从磁荷分布的观点来看，当试件发生塑性变形时，如图 6-4 所示，会有大量正磁荷、负磁荷分别聚集在损伤区域的两端（$Q1$、$Q2$），形成 N 极和 S 极，使得损伤区域形成内部磁源向外散射磁场。当试件上表面或者侧面出现裂纹时，裂纹处空气的磁导率远小于铁磁体本身的磁导率，导致磁力线绕行，在裂纹两侧（$Q3$、$Q4$）也会聚集磁荷形成正负磁极[12]。由于裂纹缺陷已出现强断面，根据磁荷体系的磁性自由能最低原则，在库伦作用力下，裂纹边界面上的磁荷会向凸棱线位置聚集（图 6-4 中 $L1$ 线、$L2$ 线），而应力集中缺陷的两侧边界面近似为连续介质，磁荷分布则会相对比较均匀。利用传感器沿试件表面检测磁记忆信号时，磁场的平面分布特征反映的是磁荷的横向分布变化信息，由于应力集中和裂纹的边界均形成了正负磁极，从平面分布特征角度来看，测得的磁记忆信号都会出现法向磁场过零点和切向磁场取极值特征，应力集中和裂纹损伤的磁记忆信号平面分布特征并无明显差异，只是在幅值上存在一定差异。磁场的垂向特征反映了磁荷垂直方向的分布变化信息，由于裂纹和应力集中边界处磁荷的垂向分布特征不同，因此，从垂向分布特征角度来看，损伤边界位置处的磁记忆信号的垂向分布特征也必然存在差异。

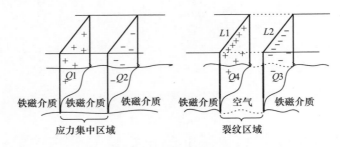

图 6-4 裂纹和应力集中损伤区域磁荷分布示意图

6.4 不同缺陷磁场分布特征仿真分析

为能简单说明问题，又不失其普遍性，用磁偶极子模型模拟计算损伤区域的磁记忆信号，分析不同磁荷分布对磁记忆信号分布特征的影响。模拟磁荷水平分布和垂向分布差异对漏磁场分布特征的差异如图 6-5 所示，磁偶极子模型的距离分别设为 b 和 $2b$ 两种情形，磁偶极子模型的等效埋深为分别为 $2h$、h 和 0（试件上表面）。由第 4 章分析可知，总梯度模量是磁场的一个旋转不变特征量，能够消除背景磁场以及检测方向影响，反映磁场的空间变化率，这里直接以总体度模量作为反映缺陷边界处磁场变化剧烈程度的特征量。

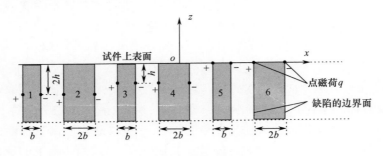

图 6-5 点磁荷模型

假设点磁荷强度相同，运用静磁力学知识，则可以求解不同缺陷的漏磁场分布和磁场总梯度模量，以测量平面高度 $b = 1.0\mathrm{mm}$，$h = 1.0\mathrm{mm}$，$z = 1.0\mathrm{mm}$ 时的情形为例，不同模型的磁场切向分量以及总梯度模量分别分布如图 6-6 和图 6-7 所示。

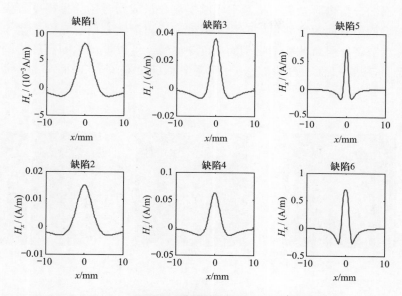

图 6-6　不同缺陷模型磁场切向分量平面分布图

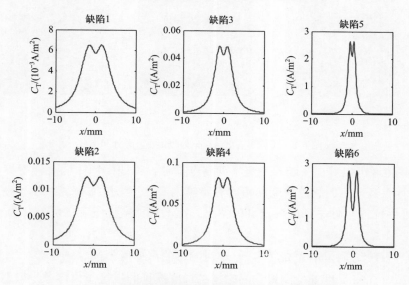

图 6-7　不同缺陷磁场总梯度模量 C_T 平面分布图

从图 6-6 和图 6-7 可以看出，在相同高度的检测平面内，不同埋深的磁偶极子模型引起的磁场分量以及总梯度模量的分布特征基本相似，只是幅值上有较大差异。根据总梯度模量极值点位置可以判断出缺陷的边界位置，但由于磁场强度以及强度变化的幅值受磁荷强度、缺陷尺寸等其他多种因素干扰，根据磁场强度和强度变化的幅值无法直接反映磁荷的埋深信息。

由前面的分析内容知道，检测得到的磁场分量或者磁场分量梯度等磁参数特征量会随着检测方向改变而发生变化，因此，这里继续利用总梯度模量作为反映缺陷的磁参数特征量。改变测量平面高度 z 值时，可以计算不同高度检测垂面上各个模型的磁场和总梯度模量，进而得到总梯度模量的垂面分布，如图 6-8 所示。

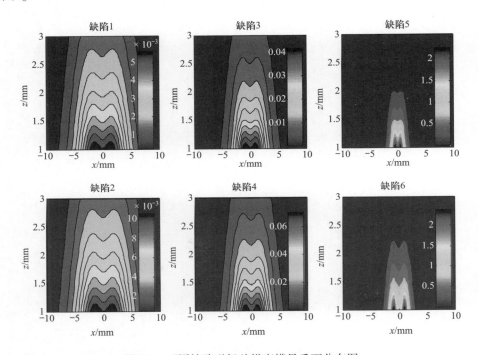

图 6-8　不同缺陷磁场总梯度模量垂面分布图

从图 6-8 可以看出，随着检测平面高度增加，不同模型体的总梯度模量幅值虽然都存在衰减，但衰减速度和幅度有着较大差异。为更加直观地描述磁荷位置（缺陷边界位置）处总梯度模量衰减情况，定义总梯度模量衰减系数 β 为

$$\beta = C_z / C_{z_0} \tag{6-1}$$

式中：C_z、C_{z_0} 为测量平面高度为 z、z_0 时测得的总梯度模量。

将 $z_0 = 1\mathrm{mm}$ 高度处检测得到的磁场总梯度模量的极值作为参考，得到缺陷边界对应位置处不同高度的总梯度模量衰减系数，如图 6-9 所示。

由图 6-9 中可以看出，不同等效埋深的磁偶极子模型体的总磁梯度模量 C 都随着检测平面高度增加而减小，但衰减速度和幅度有着较大差异，磁偶极子模型的等效埋深越小，衰减的速度越快、幅度也越大，等效埋深越大，则衰减越慢、幅度越小。

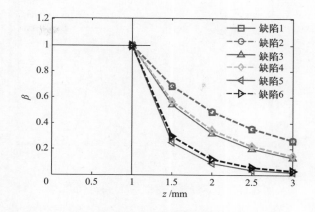

图 6-9　相对衰减系数 β 随提离值的变化

为进一步分析缺陷宽度参数 b 对磁场分布特征的影响，以影响较大的磁荷等效埋深等于 0 的情形为例，当 b 分别为 1.0mm、2.0mm、4.0mm 和 8.0mm 时，$z = 1.0$mm 高度处模型体磁场切向分量以及总梯度模量分布分别如图 6-10 和图 6-11 所示。

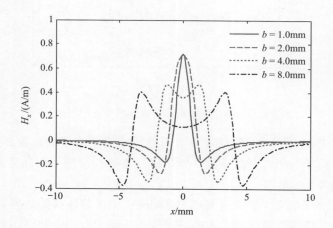

图 6-10　缺陷宽度对磁场分量信号的影响

由图 6-10 和图 6-11 可以看出，随着缺陷宽度 b 进一步增大，磁场切向分量的幅值逐渐减小，且信号向两端靠近，中间呈现凹陷状，而总梯度模量幅值受缺陷宽度 b 变化影响较小，在缺陷边界处依然取极大值。改变 z 值可以计算得到不同缺陷的总梯度模量垂面分布，以 $z = 1$mm 高度处检测得到的磁场总梯度模量的极值为参考，得到不同宽度缺陷边界对应位置总梯度模量衰减系数曲线如图 6-12 所示。

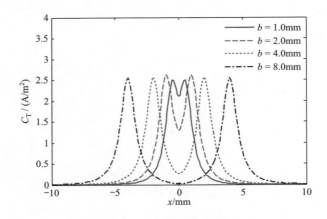

图 6-11   缺陷宽度对磁场总梯度模量的影响

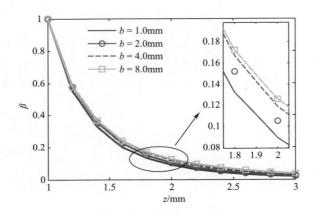

图 6-12   缺陷宽度对相对衰减系数 β 的影响

从图 6-12 中可以看出，缺陷宽度 b 对总梯度模量的衰减系数 β 影响非常小，这表明磁梯度模量的相对衰减系数 β 变化特征主要和检测平面高度 z 以及磁荷的等效埋深 S 相关。

当被测试件存在裂纹或者应力集中缺陷时，由于裂纹缺陷边界处的磁荷会向试件表面处的凸棱线位置聚集，磁荷埋深较小，而应力集中缺陷边界处的磁荷分布相对均匀，磁荷埋深相对较大，随着提离值增大，裂纹边界处的磁记忆信号变化特征量衰减速度和幅度必然会远大于应力集中。因此，通过测量不同高度的磁记忆信号平面分布，得到缺陷区域的垂向分布，以某个高度检测平面内缺陷边界位置处总梯度模量值为参考，分析缺陷边界处总梯度模量幅值衰减系数 β 的变化特征，可以克服单个平面特征量幅值受被测试件物理状态、缺陷尺寸参数等因素的影响，对缺陷类型做出准确判断。

6.5　不同缺陷磁场分布特征实验分析

实验分为同一试件的不同缺陷检测和不同试件的不同缺陷检测两个部分：第一部分对同时存在裂纹和应力集中两种缺陷的试件进行检测，验证基于垂面特征分析方法进行缺陷分类的有效性；第二部分对存在不同缺陷的不同试件进行检测，在被测试件的物理状态不一致的情况下，对比分析平面特征分析方法和垂面特征方法的优势，进一步验证垂面特征分析方法推广应用到任意检测对象时的有效性。

6.5.1　同一试件检测实验

实验首先选用直径为 30mm、厚度 4mm 圆形钢管作为检测试件。如图 6-13 所示，在外力作用下，在圆管区域 1 和区域 2 分别出现了裂纹和应力集中缺陷。

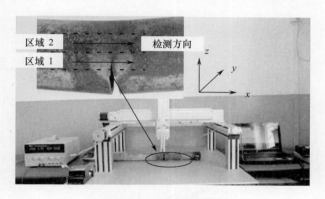

图 6-13　圆管试件检测图片

按照图 6-13 所示方向对同一试件的不同损伤区域进行检测，为测量不同高度磁记忆信号磁梯度张量，获得磁场的垂面分布特征，设置传感器提离高度 H 分别设为 1.0mm（1.1mm）、2.0mm（2.1mm）、3.0mm（3.1mm）、4.0mm（4.1mm）四组不同高度，信号的水平采样长度 40mm，采样间隔设为 0.1mm，不同区域测量得到的磁场分量分别如图 6-14、图 6-15 所示。

以传感器提离值 $l=1$mm 时测得的磁分量信号为例，按照传统方法计算得到磁场切向分量（x 轴方向）和磁场法向分量（z 轴方向）在传感器移动方向（x 轴方向）上梯度的分布如图 6-16 所示。

从图 6-16 中可以看出，与大多数文献中的实验结果一致，裂纹缺陷的磁场分量和磁场梯度的幅值都要明显大于应力集中缺陷，仅从平面分布特征角度分析，只要选择合适的阈值，根据磁特征量的幅值大小可以判断出应力集中和裂纹缺陷，但此阈值的选取，还只能依靠操作人员的经验，而且选取的阈值无法用到其他试件的缺陷检测分类中。

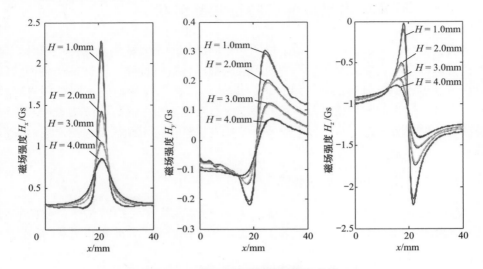

图 6-14　裂纹区域磁场分量分布曲线

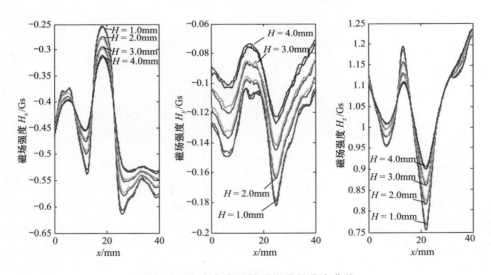

图 6-15　应力集中区域磁场分量分布曲线

　　求解不同提离值下 x 轴方向和 z 轴方向磁场的梯度，获得完整的磁梯度张量信息后，计算得到的总梯度模量 C_T 的垂向分布如图 6-17 所示。

　　分析图 6-17 可以发现，从单个平面分布角度来看，在提离值高度较小时，磁记忆信号总梯度模量在裂纹和应力集中缺陷的边界处都出现明显的极大值，且裂纹边界处总梯度模量幅值大于应力集中。从垂向特征角度来看，随提离值增大，裂纹和应力集中边界处总梯度模量出现不同程度的衰减，以传感器提离高度

$H = 1\text{mm}$ 高度处的总梯度模量为参考值，不同高度下缺陷边界处的总梯度模量的衰减系数 β 的变化如图 6-18 所示。

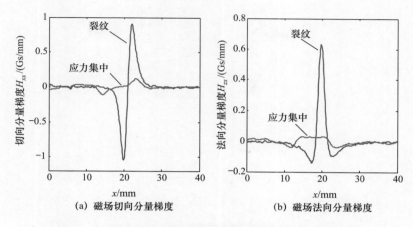

(a) 磁场切向分量梯度　　　　　　(b) 磁场法向分量梯度

图 6-16　裂纹和应力集中区域磁场分量梯度平面分布曲线

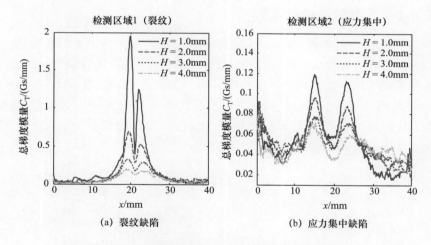

(a) 裂纹缺陷　　　　　　(b) 应力集中缺陷

图 6-17　裂纹和应力集中区域总梯度模量垂面分布

从图 6-18 可以看出，以提离高度 $H = 1\text{mm}$ 测得的缺陷边界处总梯度模量幅值为参考，当提离高度 $H = 2\text{mm}$ 时，裂纹两边界处总梯度模量衰减系数均值为 38.8%，应力集中两边界处总梯度模量衰减系数 β 均值为 79.0%；当提离高度 $H = 4\text{mm}$ 时，裂纹两边界处总梯度模量相对衰减系数 β 均值为 11.0%，应力集中两边界处总梯度模量相对衰减系数均值为 54.8%。实验结果与理论分析一致，在裂纹边界处的总梯度模量衰减速度和幅度都远大于应力集中边界处，根据缺陷边界处总梯度模量的衰减情况判断缺陷类型，可以避免因测试条件、试件自身因素、缺陷大小、分布等不同引起试件表面漏磁场幅值差异较大、缺陷判断困难的问题。

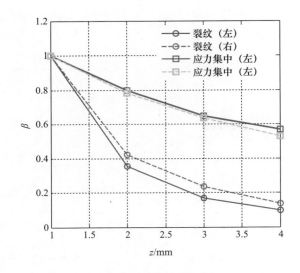

图 6-18　衰减系数 β 的变化曲线

6.5.2　不同试件检测实验

为进一步验证基于缺陷区域磁场的垂面特征进行缺陷分类的方法优势，选用 3 个 C45 钢制成的板状试件作为检测对象。试件的尺寸及形状如图 6-19 所示，为观察不同剩磁强度对缺陷磁记忆信号的影响，在加载 F3 之前利用图 6-20 所示的 TC-1 型退磁机对试件 3 进行退磁处理，然后按照图 6-19 所示，调整液压机逐级增大载荷 F3，直至在区域 A 位置，试件 1 发生了明显的塑性变形，试件 2 和试件 3 出现明显裂纹。

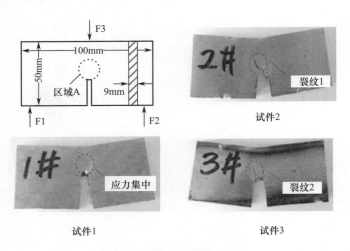

图 6-19　裂纹和应力集中试件

100

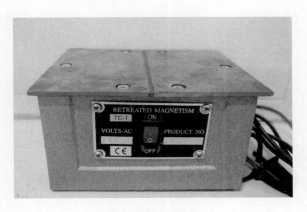

图 6-20　退磁机

　　沿试件长度方向测量磁记忆信号，设置传感器的提离高度 H 分别为 1.0mm（1.1mm）、2.0mm（2.1mm）、3.0mm（3.1mm）、4.0mm（4.1mm），信号的水平采样长度为 40mm，采样间隔设为 0.1mm。测量得到的试件 1（应力集中）、试件 2（裂纹 1）和试件 3（裂纹 2）磁记忆信号磁场分量如图 6-21 所示。

　　从图 6-21 中可以看出，裂纹试件和应力集中试件表面的磁场分布相似，由于试件表面磁场强度受环境磁场以及试件漏磁场影响较大，无法直接根据磁场分量幅值对缺陷类型做出判断。为消除背景磁场以及试件漏磁场影响，以传感器提离值 $l=1$mm 时测得的磁分量信号为例，按照传统方法计算得到磁场分量梯度，其中切向分量（x 轴方向）、法向分量（z 轴方向）在传感器移动方向（x 方向）上梯度的分布如图 6-22 所示。

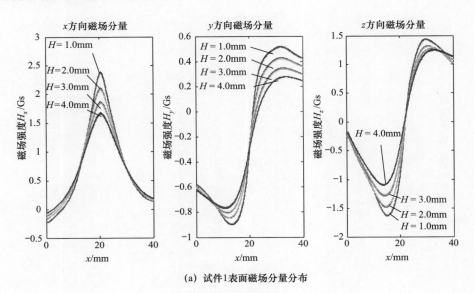

(a) 试件1表面磁场分量分布

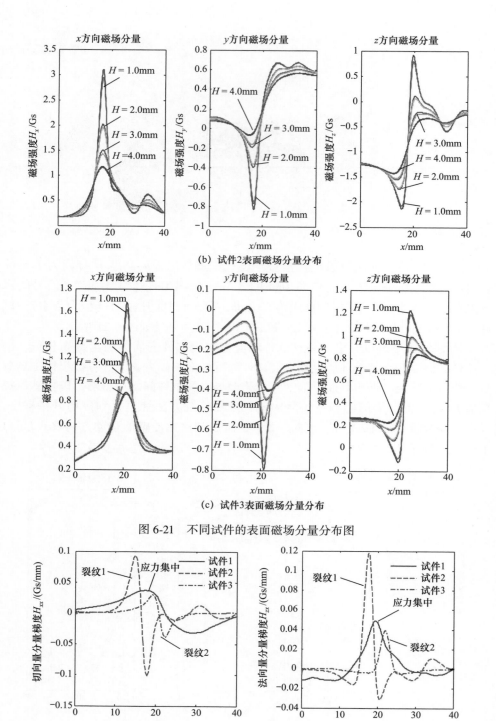

（b）试件2表面磁场分量分布

（c）试件3表面磁场分量分布

图 6-21　不同试件的表面磁场分量分布图

图 6-22　不同试件的磁场分量梯度分布

从图 6-22 中可以看出，裂纹和应力集中的磁场梯度的单个平面分布特征也无明显特征差异，相同材料和尺寸的被测试件受试件初始磁化强度因素的影响，应力集中缺陷区域的磁场分量梯度幅值位于裂纹 1 和裂纹 2 之间，根据磁场分量梯度的幅值判断缺陷类型时，容易出现误判的现象。因此，受试件磁化状态、缺陷尺寸等多种不确定因素干扰，利用单个磁记忆信号平面分布提取的信号变化特征量判断缺陷类型时，无论是阈值分类方法，还是机器学习分类方法，都很难保证损伤状态识别的准确率。

通过求解不同提离值下 x 轴方向和 z 轴方向磁场的梯度，获得完整的磁梯度张量信息后计算得到的总梯度模量 C_T 的垂向分布如图 6-23 所示。

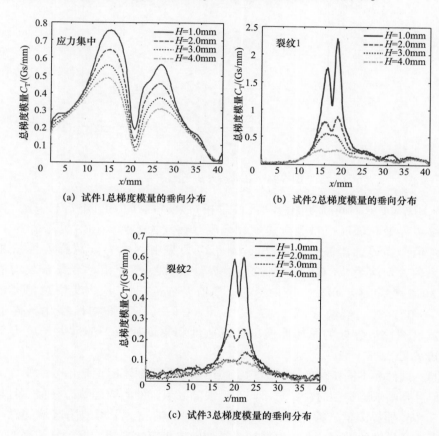

（a）试件1总梯度模量的垂向分布　　（b）试件2总梯度模量的垂向分布

（c）试件3总梯度模量的垂向分布

图 6-23　总梯度模量的垂向分布

从图 6-23 可以看出，在提离值高度较小时，磁记忆信号总梯度模量会在应力集中和裂纹的边界处出现明显的极大值，根据总梯度模量极大值可以判断应力集中和裂纹（裂纹 1、裂纹 2）的损伤边界位置。而从垂向特征角度来看，随提离值增大，应力集中和裂纹边界处总梯度模量出现不同程度的衰减。以传感器提

离值 $l=1$ mm 高度处总梯度模量为参考值，不同高度下缺陷边界处的总梯度模量的衰减系数 β 变化如图 6-24 所示。

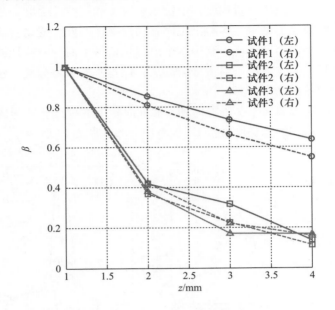

图 6-24　衰减系数 β 变化曲线

从图 6-24 中不同高度的总梯度模量相对衰减曲线中可以看出，应力集中和裂纹边界处总梯度模量衰减速度和幅度存在较大差异。相对提离值 $l=1$ mm 的参考值，当传感器提离值 $l=2$ mm 时，应力集中两边界处总梯度模量相对衰减系数 β 均值为 83.02%，裂纹两边界处总梯度模量相对衰减系数均值分别为 39.23% 和 39.98%。当传感器提离值 $l=4$ mm 时，应力集中总梯度模量衰减了 40.76%，裂纹衰减了 87.62% 和 83.81%。不同初始磁化条件下的不同宽度裂纹边界处的总梯度模量衰减速度和幅度相似，都远大于应力集中缺陷边界处。

同一试件和不同试件的两组检测实验结果表明：利用磁记忆信号的平面分布特征信息判断缺陷类型时，针对不同类型缺陷区域试件的物理状态相似，且检测参数（传感器提离值、检测方向等参数）相同的情况，根据缺陷区域的磁场强度或者磁场梯度的平面分布可以对缺陷类型做出相应的判断，但检测结果的正确性严重依赖大量标定实验数据和操作人员的经验。而利用磁记忆信号的垂面分布特征信息判断缺陷类型时，通过测量不同提离值下磁记忆信号的平面分布得到磁记忆信号的垂向分布特征，分析损伤边界处总梯度模量的衰减情况，可以克服单一提离值下提取的信号变化特征量受被测试件物理状态的影响大的缺点，更加适合用于实际工程中不同对象的检测。

6.6 小结

本章首先借鉴多元函数分布特征分析思路，介绍了磁记忆信号平面特征和垂向特征的分析方法；而后，通过建立不同类型的磁偶极子模型，分析磁荷分布差异对磁场水平分布特征和垂向分布特征的影响；最后，通过测量同一试件以及不同试件上的应力集中和裂纹缺陷磁记忆信号空间分布，从平面分布特征和垂面分布特征两个角度，分析不同类型缺陷表面磁记忆信号分布特征的差异，经研究得到以下结论。

（1）磁记忆信号平面分布特征中，只包含磁场部分有用信息，提取的磁记忆信号变化特征量受被测试件物理状态、损伤规模、提离值等因素影响较大，根据单个磁记忆信号的平面分布特征很难对损伤状态做出准确判断。

（2）磁记忆信号垂向分布由多个磁记忆信号平面分布组成，能够描述磁记忆信号的空间分布变化。通过测量不同提离值的磁记忆信号获取损伤边界处总梯度模量的垂向分布特征，可克服检测参数不同以及试件物理状态差异等因素影响。

（3）由于裂纹缺陷出现有限宽度的强断面，其边界处的磁记忆信号的垂向分布特征与应力集中的垂向分布特征存在着明显的差异，通过分析缺陷边界处总梯度模量的衰减情况，可以准确识别缺陷损伤状态，为下一步缺陷定量化分析奠定基础，也可为快速分析已存在缺陷的危害程度提供重要指导。

参考文献

［1］Yan T J, Zhang J D, Feng G D, et al. Early inspection of wet steam generator tubes based on metal magnetic memory method［J］. Procedia Engineering, 2011, 15（1）：1140-1144.

［2］黄海鸿，刘儒军，张曦，等. 面向再制造的510L钢疲劳裂纹扩展磁记忆检测［J］. 机械工程学报，2013, 49（1）：135-141.

［3］邢海燕，葛桦，李思岐，等. 基于模糊隶属度最大似然估计的焊缝隐性缺陷磁记忆信号识别［J］. 吉林大学学报（工学版），2017, 47（6）：1854-1860.

［4］邱新杰，李午申，白世武，等. 焊接裂纹金属磁记忆信号的神经网络识别［J］. 焊接学报，2008, 29（3）：13-16.

［5］刘书俊，蒋明，张伟明，等. 基于BP神经网络的油气管道缺陷磁记忆检测［J］. 无损检测，2015, 37（7）：25-28.

［6］邢海燕，葛桦，秦萍，等. 基于遗传神经网络的焊缝缺陷等级磁记忆定量化研究［J］. 材料科学与工艺，2015, 23（2）：33-38.

［7］于凤云，张川绪，吴淼. 放置方向对磁记忆检测信号的影响［J］. 煤矿机械，2005（10）：149-152.

［8］高庆敏，丁红胜，刘波. 金属磁记忆信号的有限元模拟与影响因素［J］. 无损检测，2015, 37（6）：86-91.

［9］董丽红，徐滨士，董世运，等. 金属磁记忆技术检测低碳钢静载拉伸破坏的实验研究［J］. 材料工

程, 2006, 3: 40-43.

[10] Chen H L, Wang C L, Zuo X Z. Research on methods of defect classification based on metal magnetic memory [J], NDT & E International, 2017, 99 (1): 82-87.

[11] 陈海龙, 王长龙, 左宪章, 等. 基于磁记忆信号垂向特征分析的损伤状态识别 [J]. 仪器仪表学报, 2017, 38 (6): 1516-1522.

[12] Li J W, Xu M Q, Leng J C, et al. Investigation of the variation in magnetic field induced by circle tensile-compressive stress. Insight [J]. 2011, 53 (9): 487-450.

第7章 磁记忆检测缺陷轮廓重构技术研究

7.1 概述

随着磁记忆检测技术研究的逐步深入和在实际工程中进一步推广应用，要求磁记忆检测不仅能够判断出是否存在缺陷以及存在何种缺陷的定性评估，而且能够对缺陷定量化分析，尤其是要将缺陷的分布情况（例如应力分布范围、裂纹轮廓等）转化为人的视觉可以感受的图形和图像形式，在屏幕上直接显示出来，实现缺陷的可视化。

在第6章研究中，将铁磁材料损伤缺陷大致分为以应力集中为特征的微观缺陷和以裂纹为特征的宏观缺陷两类，因此，缺陷的定量化检测也可以分为应力定量化分析和宏观裂纹定量化分析两类。对于应力定量化分析，由于磁记忆检测属于弱磁检测方法，其信号易受多种因素影响，如要准确测定应力大小，还需要在限制的特定条件下对不同阶段的力磁耦合变化关系进行严格标定。对于宏观缺陷的定量化分析，现常采用的方法与发展较为成熟的"漏磁检测"方法类似，即在地磁场激励条件下，根据试件表面漏磁场分量幅值判断损伤区的深度、宽度等几何参数信息，如文献 [1-3] 研究了磁记忆信号参数与裂纹宽度、深度之间的定量关系，文献 [4] 研究磁记忆信号参数与圆孔缺陷的直径、深度之间的定量关系，但需要注意的是，弱磁场环境下力磁耦合现象非常严重，在对缺陷尺寸做出判断时，还需设法消除应力变化因素对试件漏磁场的影响。

目前，虽然根据磁记忆信号幅值还难以直接对应力或裂纹缺陷进行定量化分析，但磁记忆信号的空间分布与应力集中或裂纹的空间分布密切相关已得到实验证实。因此，本章对铁磁构件损伤区轮廓的反演技术进行研究，尝试将获得的试件表面漏磁场分布信息转化为缺陷轮廓图像，直观地显示出损伤区的形状、尺寸、位置、走向等信息，如此，结合损伤缺陷的类型信息，则可为铁磁构件进行损伤早期诊断和设备运行的安全性评估提供重要参考。

7.2 缺陷二维平面分布反演技术

根据磁记忆检测原理可知，在应力或者循环应力作用下，试件损伤区域的磁记忆信号会出现切向磁场取极大值和法向磁场过零点特征。而根据损伤区域漏磁场的这一变化特征，文献［5-6］利用切向磁场分量的取极值、法向过零点特征判断是否存在缺陷，并利用切向磁场梯度的峰-峰宽度来表征缺陷宽度，而为了进一步确定缺陷位置及分布范围。文献［7-8］则通过联合不同路径的检测结果对损伤区的形状进行反演，如图7-1所示，联合多条检测迹线检测结果（沿 x 轴方向）反演损伤分布区域时，发现在靠近 y 轴方向损伤区域端点处（图7-1中 A、B 点），磁场信号的分布特征会逐渐减弱，且反演的损伤边界位置也会逐渐发散，需要在测试条件允许的情况下，沿 y 轴方向对试件再次进行检测，联合两次检测结果才能得到完整的缺陷边界信息。

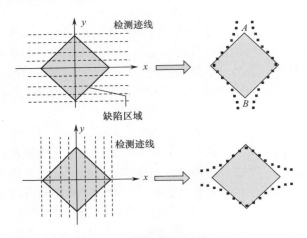

图7-1 缺陷边界反演示意图

缺陷区域的磁记忆信号分布与缺陷的形状、尺寸及走向有关，是基于三维空间变化的磁场，传统方法在利用某一方向上的磁分量或者磁梯度信号数据进行缺陷平面分布范围反演时，割裂了不同方向磁场分量之间的联系，难以准确反映缺陷漏磁场空间分布变化信息。联合不同方向检测结果，会增加检测的工作量，而且不同检测方向下测量得到的漏磁场幅值及分布不相同，根据特征值点得到的缺陷边界位置也有一定差异，影响二维轮廓反演的准确性。由第4章分析可知，除了利用各个方向磁场梯度反映出缺陷分布信息之外，磁梯度张量还有其他独特的数据解释方法，可以不受检测方向影响识别缺陷边界位置，因此，研究利用磁梯度张量数据反演缺陷边界分布。

7.2.1 基于磁梯度张量数据的缺陷边界特征

磁梯度张量测量方法能够获得磁场多个方向的变化信息，每一个张量元素都可以在一定程度上反映出缺陷分布，但不同的张量元素在缺陷区域分布特征时是不同的，如图7-2所示，部分磁梯度张量元素是在缺陷的中心位置处取极值，还有部分磁梯度张量元素是在缺陷边界位置处取极值。

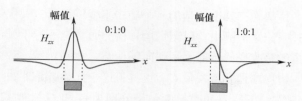

图 7-2 缺陷区域磁梯度信号曲线分布特征

如果将磁信号特征量在缺陷边界处取极值、缺陷中心处取零值的分布形式命名为 1:0:1，将缺陷边界处取零值、缺陷中心处取极值的分布形式命名为 0:1:0，则磁梯度张量各个元素在缺陷区域信号分布见表 7-1。

表 7-1　磁梯度张量各个元素信号分布特征

磁场分量 ＼ 磁场梯度	在 x 方向梯度	在 y 方向梯度	在 z 方向梯度
H_x（0:1:0）	1:0:1	1:0:1	0:1:0
H_y（1:0:1）	1:0:1	1:0:1	0:1:0
H_z（1:0:1）	0:1:0	0:1:0	1:0:1

根据磁信号分布特征进行缺陷边界识别的最终落脚点是在分析磁场的变化速率上面，相比于零值点变化特征，极值点变化特征显然更为明显。在第 4 章中介绍的总梯度模量是一种反映磁场空间整体变化率的特征量，但在总梯度模量中包含多个不同分布形态的磁场梯度信息，利用总梯度模量的极值点位置也可以确定缺陷的边界，但存在缺陷边界的横向分辨率较低的问题。

由于不同方向磁场分量优先反映的缺陷边界方向有所区别，如图 7-3 所示，H_{xx} 元素优先反映损伤区域 x 方向的边界位置；H_{yy} 元素优先反映损伤区域 y 方向的边界位置；H_{xy}/H_{yx} 元素优先反映损伤区边角的位置；H_{zz} 元素则综合反映整个损伤区域。对此，可根据总梯度模量定义方法，将相同分布形态的磁梯度信号组合起来，定义一个新的梯度模量 C_{ED} 来提高缺陷边界的分辨率，C_{ED} 计算公式为[9]

$$C_{ED} = \sqrt{H_{xx}^2 + H_{xy}^2 + H_{yx}^2 + H_{yy}^2 + H_{zz}^2} \tag{7-1}$$

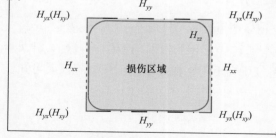

图 7-3　不同特征量反演边界位置的优势方向

总梯度模量的优势在于梯度张量的一个旋转不变特征量，其优势是检测结果不受检测方向影响。磁记忆检测中，磁记忆信号检测通常是平行于试件表面的，检测方向的变化主要指的是改变传感器水平朝向的变化，相当于绕 z 轴方向旋转一定角度，在此情形下，边界增强梯度模量 C_{ED} 也具备这一优势，其证明过程如下。

假设不同检测方向下测得的磁梯度张量分别为 $\boldsymbol{G}$ 和 $\tilde{\boldsymbol{G}}$，则 $\boldsymbol{G}$ 和 $\tilde{\boldsymbol{G}}$ 存在以下转换关系[10]：

$$\tilde{\boldsymbol{G}} = \boldsymbol{R}^{\mathrm{T}} \boldsymbol{G} \boldsymbol{R} \tag{7-2}$$

式中：$\boldsymbol{R}$ 为不同检测方向两坐标系之间的旋转矩阵。由于检测方向变化时只有 x 和 y 轴方向变化，z 轴方向没有改变，则旋转矩阵 $\boldsymbol{R}$ 可以写为

$$\boldsymbol{R} = \begin{bmatrix} c_{11} & c_{12} & 0 \\ c_{21} & c_{22} & 0 \\ 0 & 0 & 1 \end{bmatrix} \tag{7-3}$$

将式（7-3）代入到式（7-2），可得

$$\tilde{\boldsymbol{G}} = \boldsymbol{R}^{\mathrm{T}} \boldsymbol{G} \boldsymbol{R} = \begin{bmatrix} c_{11} & c_{12} & 0 \\ c_{21} & c_{22} & 0 \\ 0 & 0 & 1 \end{bmatrix} \begin{bmatrix} H_{xx} & H_{xy} & H_{xz} \\ H_{yx} & H_{yy} & H_{yz} \\ H_{zx} & H_{zy} & H_{zz} \end{bmatrix} \begin{bmatrix} c_{11} & c_{21} & 0 \\ c_{12} & c_{22} & 0 \\ 0 & 0 & 1 \end{bmatrix} = \begin{bmatrix} \tilde{H}_{xx} & \tilde{H}_{xy} & \tilde{H}_{xz} \\ \tilde{H}_{yx} & \tilde{H}_{yy} & \tilde{H}_{yz} \\ \tilde{H}_{zx} & \tilde{H}_{zy} & \tilde{H}_{zz} \end{bmatrix}$$

$$= \begin{bmatrix} c_{11}^2 H_{xx} + 2c_{12}c_{11}H_{yx} + c_{12}^2 H_{yy} & \begin{pmatrix} c_{11}c_{21}H_{xx} + c_{12}c_{21}H_{yy} \\ + (c_{12}c_{21} + c_{11}c_{21})H_{xy} \end{pmatrix} & c_{11}H_{xz} + c_{12}H_{yz} \\ \begin{pmatrix} c_{11}c_{21}H_{xx} + c_{22}c_{12}H_{yy} \\ + (c_{11}c_{22} + c_{12}c_{21})H_{xy} \end{pmatrix} & c_{21}^2 H_{xx} + 2c_{22}c_{21}H_{yx} + c_{22}^2 H_{yy} & c_{21}H_{xz} + c_{22}H_{yz} \\ c_{11}H_{zx} + c_{12}H_{zy} & c_{21}H_{zx} + c_{22}H_{zy} & H_{zz} \end{bmatrix} \tag{7-4}$$

根据式（7-4）和式（4-26），可得

$$\begin{aligned}
\tilde{C}_{ED}^2 &= \tilde{C}_{T}^2 - 2(\tilde{H}_{zx}^2 + \tilde{H}_{zy}^2) \\
&= C_{T}^2 - 2(\tilde{H}_{zx}^2 + \tilde{H}_{zy}^2) \\
&= C_{T}^2 - 2\left[(c_{11}H_{zx} + c_{12}H_{zy})^2 + (c_{21}H_{zx} + c_{22}H_{zy})^2 \right] \\
&= C_{T}^2 - 2\left[(c_{11}^2 + c_{21}^2)H_{zx}^2 + (c_{12}^2 + c_{22}^2)H_{zy}^2 + 2(c_{21}c_{12} + c_{22}c_{22})H_{zx}H_{zy} \right]
\end{aligned} \tag{7-5}$$

由于旋转矩阵 $\boldsymbol{R}$ 为单位正交矩阵，根据单位正交矩阵性质可知：

$$\begin{cases} c_{11}^2 + c_{21}^2 = 1 \\ c_{12}^2 + c_{22}^2 = 1 \\ c_{11}c_{12} + c_{21}c_{22} = 0 \end{cases} \tag{7-6}$$

因此，式（7-5）可以改写为

$$
\begin{aligned}
\tilde{C}_{ED}^2 &= C_T^2 - 2H_{zx}^2 - 2H_{zy}^2 \\
&= H_{xx}^2 + H_{xy}^2 + H_{yx}^2 + H_{yy}^2 + H_{zz}^2 \\
&= C_{ED}^2
\end{aligned}
\tag{7-7}
$$

式（7-7）表明，梯度模量 C_{ED} 是一个绕 z 轴旋转不变的特征量。

与总梯度模量 C_T 一样，边界增强梯度模量 C_{ED} 也是一个反映磁场变化率的标量，其幅值与距离磁源的距离和磁荷强度有关，如图7-4所示，当缺陷不同极性的两侧边界逐渐靠近形成端点时，磁信号分布曲线逐渐由双峰值曲线变为单峰值曲线，这样可以确定缺陷端点处边界位置。

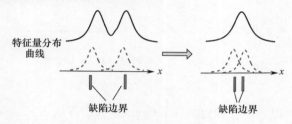

图 7-4　不同宽度的损伤区梯度模量信号缺陷分布特征

利用磁场特征量进行缺陷边界识别时，磁场测量点远离边界的过程中，磁场特征量幅值衰减的速度越快，边界的分辨率越高。以点磁荷源为例，在任意测量点 p 处点磁荷 q 引起磁场的总梯度模量为

$$
C_T = \frac{\sqrt{6}}{(l^2 + h^2)^{\frac{3}{2}}} q
\tag{7-8}
$$

式中：h 为垂直距离；l 为水平距离。总梯度模量的最大值为 $C_{T\,max} = \dfrac{\sqrt{6}}{h^3} q$，当 C_T 常值为 $\dfrac{1}{2} C_{T\,max}$ 时，则由：

$$
C_T = \frac{\sqrt{6}}{(l^2 + h^2)^{\frac{3}{2}}} q = \frac{1}{2} \frac{\sqrt{6}}{h^3} q
\tag{7-9}
$$

得到此时对应的水平距离为 $l = 0.766h$，总梯度模量半振幅异常的宽度为 $1.53h$。点磁荷 q 在任意测量点 p 处引起磁场边界增强梯度模量 C_{ED} 为

$$
C_T = \frac{\sqrt{k}}{(l^2 + h^2)^{\frac{3}{2}}} q
\tag{7-10}
$$

式中：

$$
k = 1 - \frac{3l^2 h^2}{(l^2 + h^2)^2}
\tag{7-11}
$$

当水平梯度模量为最大振幅的 1/2 时，其对应的水平距离 $l = 0.515h$，半振幅异常的宽度为 $1.03h$。在测量点远离点磁荷源的过程中，总梯度模量和水平梯度模量的衰减曲线如图 7-5 所示。

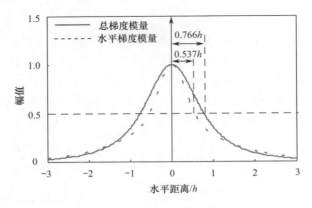

图 7-5　C_T 和 C_{ED} 衰减曲线

从图 7-5 中可以看出，相比总梯度模量 C_T，边界增强梯度模量 C_{ED} 幅值衰减速度更快，在缺陷边界处的极值点特征则更加明显，即具有更高的横向分辨率。

7.2.2　二维网格数据插值处理

进行缺陷区二维分布反演时需要联合多条检测迹线上的检测结果，假设有 n 条检测迹线通过缺陷区域，传感器测量得到 n 行检测数据，则所有测量点数据形成一个 n 行 m 列矩阵（m 为每条检测迹线上磁场数据的采样点数）。每行磁场数据解算磁场特征量都可以得到一组相互平行的缺陷边界二维断层图像。为减小检测的工作量，一般情况下检测迹线之间距离要远大于传感器采样间隔，因此，要得到完整的缺陷二维分布信息，还需要在二维的断层边界图像之间进行插值处理。

插值的目的是实现缺陷的边界线起始位置到边界线终点位置的平滑过渡，插值精度越高，图像变化越平滑，越接近缺陷的原始边界，但相应的计算量也越大。为保证插值精度和缺陷边界线的平滑过渡，对磁场特征量的二维网格数据采用双三次插值处理。同三次插值一样，双三次插值的和是基于三次多项式对理想抽样函数 sinc 在 $[-2, 2]$ 区间卷积插值的近似，计算插值系数三阶多项式为[173]

$$h(s) = \begin{cases} 1 - (c+3)|s|^2 + (c+2)|s|^3, & 0 \leqslant |s| < 1 \\ -4c + 8c|s| - 5c|s|^2 + c|s|^3, & 1 \leqslant |s| < 2 \\ 0, & 2 \leqslant |s| \end{cases} \qquad (7\text{-}12)$$

式中：c 为一个可以调节的参数；s 为插值点位置和数据采集点位置之间的距离。

如图7-6所示，双三次插值利用检测平面内与插值点相邻16网格点处数值，计算出插值点位置处数值$F(x, y)$，图中ε和η分别为水平方向和垂直方向相邻数值点的距离。将$s = x/\varepsilon$带入到式（7-12）中，可计算得到水平方向插值系数L_i，将$s = y/\eta$代入到式（7-12）中，计算得到垂直方向插值系数C_i，最终，根据双三次插值算法计算得到插值点处磁场特征量幅值为

$$
\begin{aligned}
F(x, y) = {} & L_1(C_1F_1 + C_2F_5 + C_3F_9 + C_4F_{13}) + \\
& L_2(C_1F_2 + C_2F_6 + C_3F_{10} + C_4F_{14}) + \\
& L_3(C_1F_3 + C_2F_7 + C_3F_{11} + C_4F_{15}) + \\
& L_4(C_1F_4 + C_2F_8 + C_3F_{12} + C_4F_{16})
\end{aligned} \tag{7-13}
$$

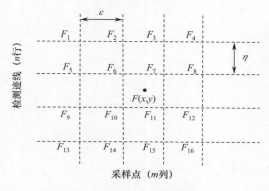

图7-6　双三次插值示意图

7.2.3　二维反演实验验证

为了验证损伤二维成像效果，以第4章实验中的裂纹试件为检测对象，裂纹试件及裂纹形状如图7-7所示。

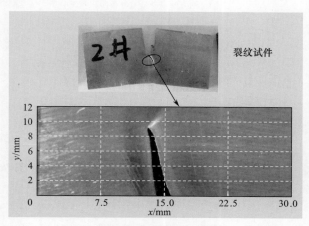

图7-7　裂纹试件及裂纹形状

调整三维移动平台，使传感器沿着试件的长度方向移动采集磁场信号，信号的水平采样长度为30mm，采样间隔为0.1mm。检测过程中共设置13条检测迹线，相邻迹线之间的间隔为1mm，其中第1~9条迹线通过裂纹缺陷区域，第10条通过裂纹端点处，第11~13条迹线为无裂纹区域。传感器提离值 l 分别为2.0mm和2.1mm。传感器提离值为2.0mm时不同检测迹线上测量得到的磁场分量如图7-8所示。

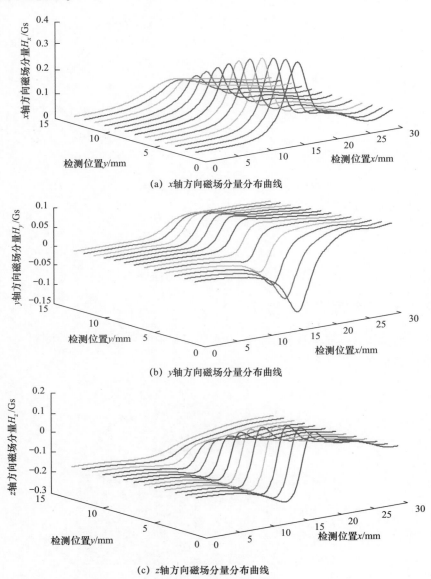

(a) x 轴方向磁场分量分布曲线

(b) y 轴方向磁场分量分布曲线

(c) z 轴方向磁场分量分布曲线

图7-8　缺陷区域不同检测迹线上测量得到的磁场分量曲线变化

根据不同高度下测得 3 个方向磁场分量，可以解算得到完整的磁梯度张量，然后可以计算得到总梯度模量和边界增强梯度模量。为清楚地观察不同检测迹线上各个磁记忆信号特征参量的分布曲线变化情况，图 7-9 单独给出通过裂纹的第 4 条迹线及裂纹端点附近的第 9~11 条迹线上各特征量分布曲线。

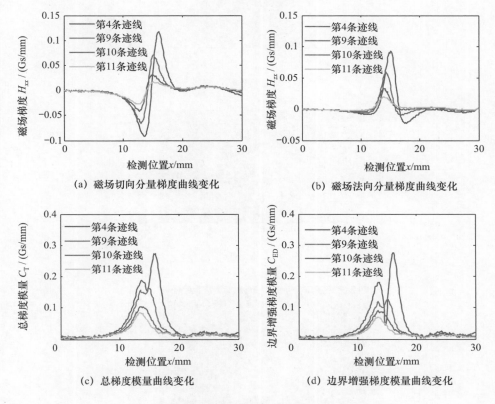

(a) 磁场切向分量梯度曲线变化　　　　(b) 磁场法向分量梯度曲线变化

(c) 总梯度模量曲线变化　　　　(d) 边界增强梯度模量曲线变化

图 7-9　不同迹线下特征量曲线分布变化情况（见彩插）

从图 7-9 中可以看出，在接近裂纹端点过程中，随着裂纹宽度逐渐减小，磁场分量梯度 H_{xx} 和 H_{zx} 表征边界宽度的峰-峰距离和极大值两侧的过零点距离却逐渐增大。而总梯度模量 C_T 和边界增强梯度模量 C_{ED} 在端点位置处特征量分布曲线由双峰值曲线逐渐变为单峰值曲线，表征缺陷边界特征的峰-峰值距离随裂纹宽度相应减小。此外，对比图 7-9（c）和图 7-9（d）中通过缺陷区域的第 4 和第 9 条迹线的曲线分布可以发现，边界增强梯度模量 C_{ED} 在边界处的峰值特征相比于总梯度模量 C_T 更加明显。

根据不同迹线检测结果，利用 7.2.2 节中介绍的双三次插值方法，可以得到磁分量梯度 H_{xx}、H_{zx}，及梯度模量 C_T 和 C_{ED} 二维分布，不同特征量的二维分布如图 7-10 所示。

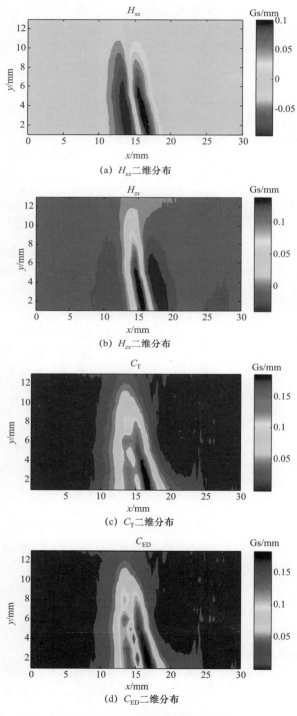

图 7-10　不同特征量二维分布图

对比各特征量的二维分布图，可以看出，特征量 H_{xx} 和 H_{zx} 表征缺陷边界时，H_{xx} 极值点和 H_{zx} 零值点对应缺陷两侧的边界位置，在缺陷端点处逐渐发散，无法形成封闭的缺陷轮廓。而总梯度模量 C_T 和水平梯度模量 C_{ED} 表征缺陷边界时，极值点对应的缺陷左右边界逐渐接近，最终形成封闭的缺陷轮廓，而相比于总梯度模量 C_T，边界增强梯度模量 C_{ED} 的边界特征更加明显。

裂纹缺陷检测实验结果表明，根据梯度模量 C_{ED} 可以很好地得到裂纹缺陷的轮廓，提取裂纹缺陷的宽度和走向等二维平面分布信息。对于应力集中缺陷，由于磁记忆信号易受多种因素影响，根据梯度模量虽然不能准确分析应力大小，但还是可以得到应力集中分布位置和走向等信息。图 7-11（a）为第 4 章实验中的拉伸应力集中试件（试件 3）的梯度模量 C_{ED} 二维分布图，图 7-11（b）为利用有限元软件，分析拉伸试验中试件 3 在拉伸应力作用下的等效应力分布云图。

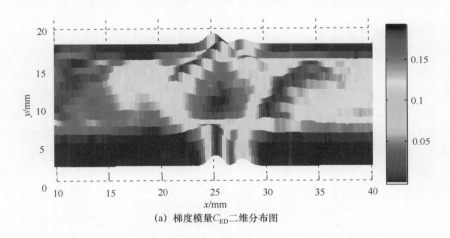

(a) 梯度模量 C_{ED} 二维分布图

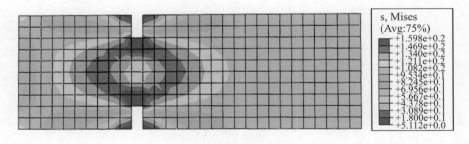

(b) 等效应力分布云图

图 7-11　应力集中缺陷二维分布反演

从有限元软件分析得到的等效应力分布云图结果可以看出，在拉伸应力作用下，试件 3 应力集中区呈蝶形对称分布，应力分布在矩形缺口处具有最大值，试件轴线位置处应力最大值分布在缺口连线的两侧，而梯度模量 C_{ED} 的二维分布可

117

以很好地反映试件应力的分布特征，说明磁记忆信号空间分布与应力空间分布有着密切联系，通过磁记忆信号可以反演出应力集中分布位置和分布形式。

7.3 缺陷三维轮廓反演技术研究

利用磁梯度张量的梯度模量信息能够提取损伤区平面分布，但在反演损伤区轮廓图像时，有时还需要损伤区的深度信息。与漏磁检测方法中饱和磁化不同，磁记忆检测中缺陷边界面上的磁化强度未知且非均匀分布，根据磁场信号特征量幅值无法直接判断损伤的深度信息，这就需要研究适合磁记忆检测的缺陷三维轮廓反演技术。

7.3.1 离散磁偶极子模型

对于存在缺陷的试件，可将试件损伤区所在空间划分成若干个微小区域，假设在每个小区域中心区域存在一个假象的磁偶极子，磁偶极子的强度代表该小区域中漏磁磁荷共同作用的结果。若某区域没有缺陷，便不存在漏磁，则该区域的磁偶极子的磁荷强度为零；若某区域存在缺陷，则该区域偶极子的磁荷强度不为零。这样，试件表面漏磁场则可以看成是多个偶极子共同作用的结果，通过求取各个小区域的偶极子强度分布来确定缺陷深度信息。为此，建立离散磁偶极子阵列模型，如图 7-12 所示，L_p 为整个测量区域，H_0 为传感器的提离高度，$p_i(i = 1，2，\cdots，N)$ 为传感器的测量点。L_d 和 H_d 为可能存在缺陷的区域，沿长度方向和深度方向共划分成 M 个独立的小区域。

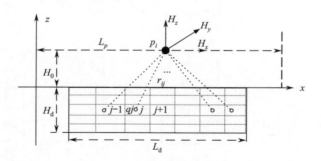

图 7-12 离散磁偶极子阵列模型

假设区域 j 处的点磁荷的强度为 q_j，在测量点 p_i 处产生的磁场为 $\boldsymbol{H}_{ij}$，则 $\boldsymbol{H}_{ij}$ 可以表示为

$$\boldsymbol{H}_{ij} = \frac{q_j}{2\pi\mu_0} \cdot \frac{\boldsymbol{r}_{ij}}{r_{ij}^{3}} \tag{7-14}$$

式中：r_{ij} 和 $\boldsymbol{r}_{ij}$ 分别为点磁荷 q_j 到测量点 p_i 之间的距离和方向矢量。根据图 7-12 所

118

示的离散磁偶极子模型，可以得到 i 测量点处磁场测量值与所有偶极子之间关系为

$$H_i = \sum_{j=1}^{M} K_{ij} \cdot Q_j, \quad i = 1, \ 2, \ \cdots, \ N \tag{7-15}$$

$$Q_j = \frac{q_j}{2\pi\mu_0} \tag{7-16}$$

$$K_{ij} = \frac{\boldsymbol{r}_{ij}}{r_{ij}^{\ 3}} \tag{7-17}$$

式中：Q_j 为 j 区域所有磁荷的影响量；K_{ij} 为 Q_j 对 i 测量点处磁场贡献的权重系数。

根据式（7-15）可以得到任意测量点处的磁场表达式，则将所有的测量点磁场联立成方程组，并写成矩阵形式为

$$\boldsymbol{H} = \boldsymbol{K} \cdot \boldsymbol{Q} \tag{7-18}$$

式中：$\boldsymbol{H}$ 为 $N \times 1$ 维的磁场测量值，由传感器在所有测量点 p 处的磁场测量值组成；$\boldsymbol{K}$ 为 $N \times M$ 权重系数矩阵，可以根据式（7-17）计算得到；$\boldsymbol{Q}$ 为 $M \times 1$ 维的偶极子影响量矢量，是待求的未知向量。

式（7-18）称为"量测方程"，实际应用中，当传感器测量得到磁场矢量 $\boldsymbol{H}$ 后，只要磁场的测量点个数大于磁偶极子个数，即满足 $N > M$ 条件，则可得到方程组的唯一解。由于求解量测方程的过程可以看成寻找磁场理论计算值与磁场测量值最小拟合误差过程，可通过计算理论计算值与磁场测量值的拟合误差大小，了解离散模型的拟合精度，拟合误差定义为[11]：

$$\text{RMS} = \| \boldsymbol{H} - \boldsymbol{K} \cdot \boldsymbol{Q}^* \|_2 \tag{7-19}$$

式中：$\boldsymbol{Q}^*$ 为偶极子影响量矢量的解。

矩阵奇异值分解是一种对误差方程的系数矩阵直接进行分解来求取未知数最小二乘解的比较实用的解法，根据系数矩阵 $\boldsymbol{K}$ 奇异值分解式，得到 $\boldsymbol{K}$ 的 Moore-Penrose 广义逆阵 $\boldsymbol{K}^+$，可以得到使 RMS 和 $\boldsymbol{Q}^*$ 的范数同时达到最小的解，由此，可以得到偶极子影响量矢量解 $\boldsymbol{Q}^*$ 为

$$\boldsymbol{Q}^* = \boldsymbol{K}^+ \boldsymbol{H} \tag{7-20}$$

7.3.2 磁荷空间位置反演

在 7.3.1 节中介绍了缺陷反演的基本思路，但由于磁偶极子数目较多，致使方程 $\boldsymbol{H}$ 出现病态以及测量数据中可能存在粗大误差或者较多无效数据，在实际应用中，当权重系数矩阵 $\boldsymbol{K}$ 或磁场测量值 $\boldsymbol{H}$ 有微小波动，就会引起解 $\boldsymbol{Q}^*$ 的剧烈波动时，造成解算结果与真实情况存在较大差异，难以准确反映缺陷的分布信息。

针对方程组解不稳定问题，文献［12］提出将权重系数矩阵奇异值分解式中相对较小的奇异值截断置零，以损失未知数的无偏性为代价减小均方根误差，

提高偶极子影响量解的稳定性和精度，将系数矩阵中相对较小的奇异值置零后求解系数矩阵广义逆矩阵 $\boldsymbol{K}_t^{-1}$，利用 $\boldsymbol{K}_t^{-1}$ 代替 $\boldsymbol{K}^+$ 求解偶极子影响量分布，即

$$\boldsymbol{Q}' = \boldsymbol{K}_t^{-1}\boldsymbol{H} \tag{7-21}$$

为进一步提高偶极子影响量解 $\boldsymbol{Q}'$ 的精度，缩小可能存在缺陷区域的空间，以截断奇异值分解方法为基础，根据第一次磁偶极子影响量的反演结果，磁偶极子影响量较大的对应的小区域视为可能缺陷予以保留，而影响量较小的对应小区域予以舍弃，减小可能存在缺陷的反演空间。根据空间减小后的存在缺陷区域重新组建新的系数矩阵 $\boldsymbol{K}''$，重复第一次反演步骤，进行第二次反演，得到磁偶极子影响量解 $\boldsymbol{Q}''$。

由于小区域处的磁荷对磁场的贡献量不仅与磁偶极子的影响量有关，还与距离测量点的距离有关。假设距离试件表面 1mm、2mm 和 3mm 深度处分别存在一个极性和强度都相同的点磁荷，当测量高度不同时，试件表面不同位置处磁场测量值以及不同深度磁荷对磁场信号的影响量如图 7-13 所示。

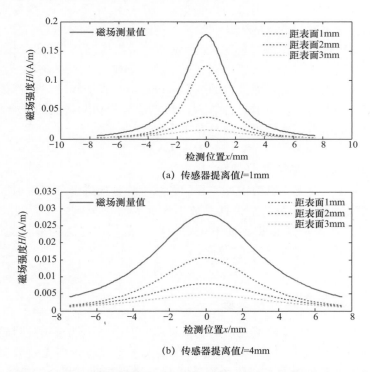

图 7-13　不同深度的磁偶极子对测量点处磁场影响量变化（见彩插）

从图 7-13 中可以看出，当传感器提离值较小时，距离试件表面较远的磁荷对试件表面的磁场的影响量较小，极易被靠近试件表面的磁偶极子产生的磁场掩盖，而反演结果只能反映靠近试件表面区域的磁荷分布情况，缺陷的反演深度较

小。当传感器提离值较大时，距离试件表面距离较远的磁偶极子对试件表面磁场的影响量增大，可以反演距离试件表面更深的区域的磁荷分布情况，但此时与试件表面距离较大的相邻小区域对应的权重系数 K_{ij} 非常相似，判断磁荷分布的具体位置则又变得更加困难，会降低缺陷反演的分辨率。

因此，利用减小缺陷反演空间的方法虽然可以提高量测方程组解的精度，但解算结果和精度受到测量磁场时传感器的提离值影响。为使反演模型同时具有较深的反演深度和分辨率，将不同传感器提离值的磁场测量值进行组合，组建新的量测方程为

$$H_l = K_l \cdot Q \tag{7-22}$$

式中，

$$H_l = \begin{bmatrix} \alpha_{l_1} H_{l_1} & \alpha_{l_2} H_{l_2} & \cdots & \alpha_{l_p} H_{l_p} \end{bmatrix}^{\mathrm{T}} \tag{7-23}$$

$$K_l = \begin{bmatrix} \alpha_{l_1} K_{l_1} & \alpha_{l_2} K_{l_2} & \cdots & \alpha_{l_p} K_{l_p} \end{bmatrix}^{\mathrm{T}} \tag{7-24}$$

式中：H_{l_1}，H_{l_2}，$\cdots$，H_{l_p} 和 K_{l_1}，K_{l_2}，$\cdots$，K_{l_p} 分别为传感器提离值为 l_1，l_2，$\cdots$，l_p 时的磁场测量值和磁偶极子权重系数矩阵；α_{l_1}，α_{l_2}，$\cdots$，α_{l_p} 分布为传感器提离值为 l_1，l_2，$\cdots$，l_p 时反演结果的可信度系数，且 $\sum\limits_{i=1}^{i=p} \alpha_{l_i} = 1$。

7.3.3 数值仿真分析

以横截面积为 10mm×10mm 矩形长条试件作为被测试件进行数值仿真分析。如图 7-14 所示，在矩形长条上存在两个线性缺陷，缺陷的水平位置分别为 $x =$

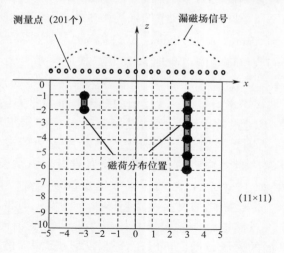

图 7-14 不同深度的缺陷模型

−3.0mm 和 $x=3.0$mm，缺陷的深度分别为 1.0～2.0mm 和 1.0～6.0mm。为方便讨论，不考虑试件长度对磁场的影响，将试件横截面划分成 11×11（即 121）个小区域，磁场采样点数目为 201 个，采样点间隔为 0.05mm。

假设只有存在缺陷的小区域存在磁偶极子，且磁偶极子影响量相同，则曲线的磁偶极子影响量的分布图像如图 7-15 所示。

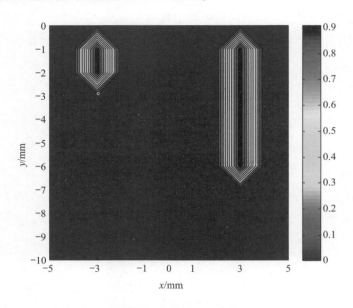

图 7-15　缺陷模型磁偶极子影响量分布图像

根据磁偶极子位置和磁场测量点位置，利用式（7-15）和式（7-17），则分别可以计算得到传感器不同提离高度下的磁场测量值矢量 $\boldsymbol{H}_{l_1}$、$\boldsymbol{H}_{l_2}$、$\boldsymbol{H}_{l_3}$ 和系数矩阵 $\boldsymbol{K}_{l_1}$、$\boldsymbol{K}_{l_2}$、$\boldsymbol{K}_{l_3}$（$l_1=0.5$mm，$l_2=1.0$mm，$l_3=3.0$mm）。在磁场测量值加入一定的随机噪声，使磁场的测量信号的信噪比为 70dB。按照文献［11］所述方法，将系数矩阵中奇异值 $s_t < s_{\max} \times 10^{-6}$ 的部分置零，$\alpha_{l_1} = \alpha_{l_2} = \alpha_{l_3} = 1/3$，则根据式（7-21）得到磁偶极子影响量第一次反演的结果分布如图 7-16 所示。

对比图 7-16 中不同测量平面高度的磁场测量值反演结果可以发现：磁偶极子影响量的反演结果受提离值影响较大，当利用提离值较小（$l=0.5$mm）时的磁场数据反演缺陷时，缺陷的反演图像较为清晰，但是反演的深度较小；当利用提离值较大（$l=3.0$mm）时的磁场数据反演缺陷时，能够反演出距离表面更远处的缺陷，但是缺陷的反演图像整体较为模糊；而将不同高度测量平面的磁场进行组合，虽然拟合误差大于利用单个提离值磁场测量值反演情形，但综合不同高度平面的磁场数据，可以在获得较大反演深度的同时，保持较高的反演精度。

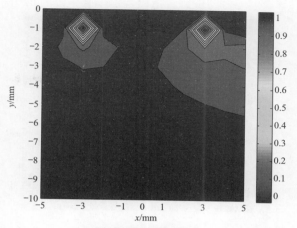

(a) 传感器提离值l_1=0.5mm

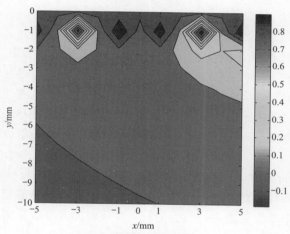

(b) 传感器提离值l_2=1.0mm

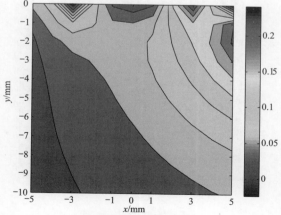

(c) 传感器提离值l_3=3.0mm

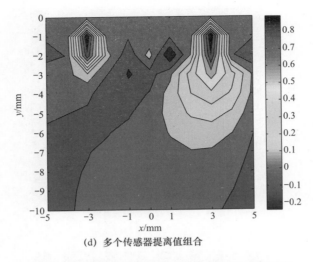

(d) 多个传感器提离值组合

图 7-16　利用不同高度的磁场信号的缺陷反演图像

从图 7-16 中还可以看出：由于磁场测量点数有限以及磁场的测量值中存在一定的噪声，第一次反演结果中在缺陷对应的小区域附近会存在较大影响量的磁偶极子。为进一步提高反演精度，按照缺陷反演空间减小方法，在第一次反演结果的基础上，将磁偶极子影响量中 $Q_t < 0.1 \times Q_{max}$ 对应的小区域舍弃，重新建立量测方程，然后重复第一次反演步骤，得到的磁偶极子影响量分布的反演结果如图 7-17 所示。

从图 7-17 中可以看出，基于第一次反演结果进行缺陷反演空间减小后进行第二次反演，多个传感器提离值磁场数据的反演结果分布结果要明显优于第一次反演结果，但是单个提离值磁场数据的第二次反演的改善效果则受限于第一次反

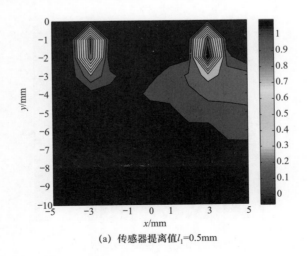

(a) 传感器提离值l_1=0.5mm

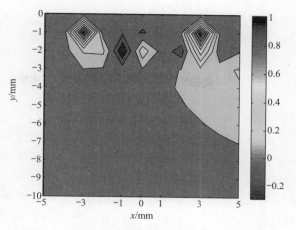

(b) 传感器提离值l_2=1.0mm

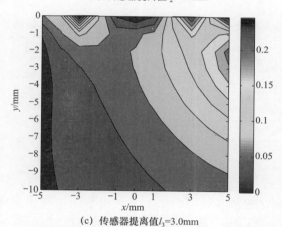

(c) 传感器提离值l_3=3.0mm

(d) 多个传感器提离值组合$l=[l_1,l_2,l_3]$

图7-17　空间缩小后第二次反演图像

演结果的精度，如果第一次反演精度较差，则第二次反演效果提升有限。为量化评估不同方法反演结果的准确性，计算磁偶极子影响量原始值和反演结果的相关系数，相关系数计算公式为

$$\gamma = \frac{\sum_i [\boldsymbol{Q}_0(i) \boldsymbol{Q}_r(i)]}{\sqrt{\left(\sum_i \boldsymbol{Q}_0^2(i)\right)\left(\sum_j \boldsymbol{Q}_r^2(j)\right)}} \tag{7-25}$$

式中：$\boldsymbol{Q}_0$ 为不同小区域位置处磁偶极子影响量的初始设置值矢量；$\boldsymbol{Q}_r$ 为不同小区域位置处磁偶极子影响量的反演结果。当反演结果 $\boldsymbol{Q}_r$ 与设置值 $\boldsymbol{Q}_0$ 完全相同时，相关系数 $\gamma = 1$；如果反演结果 $\boldsymbol{Q}_r$ 与设置值 $\boldsymbol{Q}_0$ 完全不同，相关系数 $\gamma = 0$。

第一次和第二次的磁偶极子影响量的反演结果与初始设置值的相关系数见表 7-1，从表中可以看出，多个传感器提离值磁场测量值的反演结果明显好于单个提离值情形。

表 7-1　磁偶极子影响量的反演结果与初始设置值的相关系数

提离值	第一次反演结果	第二次反演结果
单个平面磁场数据：$l_1 = 0.5\text{mm}$	0.6221	0.8104
单个平面磁场数据：$l_2 = 1.0\text{mm}$	0.6099	0.6605
单个平面磁场数据：$l_3 = 3.0\text{mm}$	0.3311	0.3419
多个平面磁场数据：$l = [l_1, l_2, l_3]$	0.8104	0.9385

7.3.4　实验验证

为了验证磁记忆检测多提离值磁场测量值缺陷轮廓反演的效果，用线切割裂纹试件模拟实际缺陷进行反演实验。试件具体尺寸如图 7-18 所示，在试件上存在 3 个矩形开口裂纹，裂纹的宽度为 1.0mm，深度分别为 2.0mm、4.0mm、6.0mm。

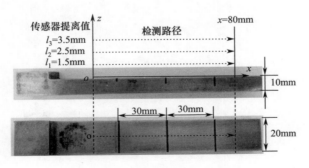

图 7-18　裂纹试件尺寸及测量迹线设置

传感器采样间隔设置为 0.1mm，采样长度为 80.0mm，当传感器提离值分别

为 1.5mm、2.5mm、3.5mm 时，测得的磁场切向分量如图 7-19 所示。

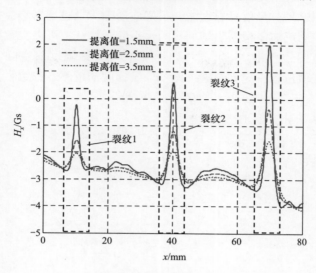

图 7-19　磁场切向分量

　　试件表面测得的磁场信号可以看作由缺陷区域的漏磁场 H_p 和背景磁场 H_B（背景磁场包括环境磁场以及试件自身的感应磁场）两个部分组成。从图 7-19 中可以看出，虽然背景磁场对缺陷漏磁场幅值影响较大，无法直接利用磁场切向分量进行缺陷轮廓反演，但在一定范围内背景磁场变化较为缓慢，而缺陷漏磁场的变化剧烈程度要明显于背景磁场。因此，可以考虑利用磁场分量的梯度值作为有效信号进行缺陷反演，不同传感器提离高度下磁场切向分量梯度分布如图 7-20 所示。

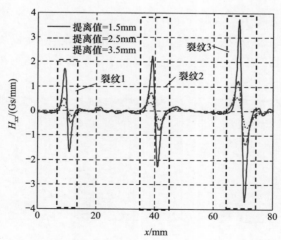

图 7-20　磁场切向分量梯度分布曲线

从图 7-20 可以看出，相对于裂纹区域的磁场变化，无裂纹区域的磁场变化量非常小，说明磁场分量信号梯度能够很好地消除背景磁场影响，能够作为有效信号进行缺陷轮廓反演。根据磁场信号的水平分布特征，可以大致确定缺陷的水平分布位置和范围，因此，按照图 7-21 所示，确定缺陷反演空间，根据磁场测量点位置和小区域位置，建立长裂纹磁场分量梯度的量测方程组：

$$\boldsymbol{H}_k = K_l \cdot \boldsymbol{Q} \tag{7-26}$$

式中：$\boldsymbol{H}_k = \begin{bmatrix} \dfrac{\mathrm{d}\boldsymbol{H}_{l_1}}{\mathrm{d}x} & \dfrac{\mathrm{d}\boldsymbol{H}_{l_2}}{\mathrm{d}x} & \dfrac{\mathrm{d}\boldsymbol{H}_{l_3}}{\mathrm{d}x} \end{bmatrix}^{\mathrm{T}}$，为 x 轴方向的磁场分量梯度矢量；K_l 为系数矩阵，系数矩阵中各个元素的计算公式为

$$K_{ij} = \frac{1}{4\pi\mu}\left(\frac{1}{r_{ij}^{\,2}} - 2\frac{(x_i - x_j)^2}{r_{ij}^{\,4}}\right) \tag{7-27}$$

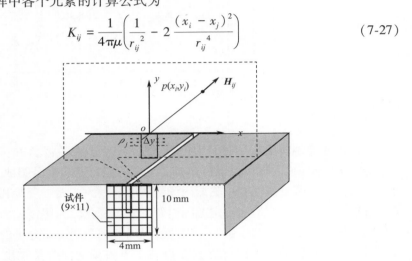

图 7-21 裂纹反演空间示意图

将长裂纹量测方程中系数矩阵奇异值 $s_t < s_{\max} \times 10^{-5}$ 的部分置零，由式（7-21）得到第一次反演的结果磁偶极子影响量矢量。利用不同传感器提离高度测得的磁场梯度数据，反演得到的不同裂纹位置处磁偶极子影响量分布如图 7-22 所示。

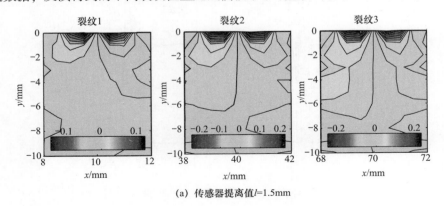

（a）传感器提离值 l=1.5mm

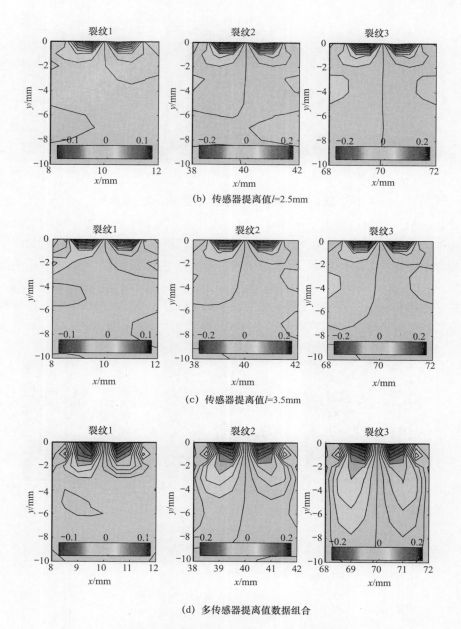

(b) 传感器提离值*l*=2.5mm

(c) 传感器提离值*l*=3.5mm

(d) 多传感器提离值数据组合

图 7-22　利用不同磁场信号的缺陷反演图像

从图 7-22 中可以看出，利用多个传感器提离值的磁场分量梯度信号反演的效果明显优于单个提离值情形。因此，根据多个提离值磁场测量值的第一次反演结果，舍弃磁偶极子影响量绝对值 $|Q_t| < 0.1 \times |Q|_{\max}$ 的小区域，重新建立量测方程得到的第二次反演结果，如图 7-23 所示。

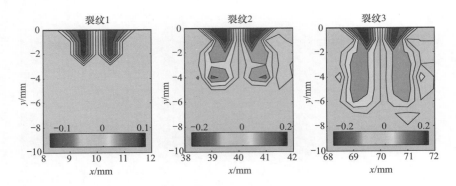

图 7-23　多传感器提离值磁场数据第二次反演图像

从图 7-23 中可以看出，在裂纹两侧出现了不同极性的磁偶极子影响量，同磁偶极子影响量为正的情形相同，影响量为负时，其幅值大小同样可以反映对应小区域处存在缺陷的概率。因此，根据磁偶极子影响量绝对值，认为磁偶极子影响量绝对值 $|Q_t| < 0.2 \times |Q|_{max}$ 的小区域不存在缺陷，从而可以得到缺陷的粗略轮廓，根据缺陷的粗略轮廓，可以确定缺陷轮廓的关键点位置，得到最终缺陷轮廓位置和形状。缺陷的粗略轮廓如图 7-24 所示，裂纹反演轮廓和真实轮廓如图 7-25 所示。

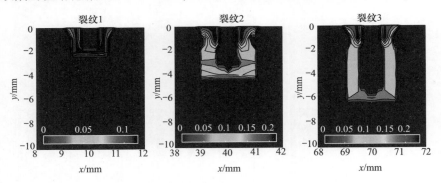

图 7-24　裂纹缺陷粗略轮廓

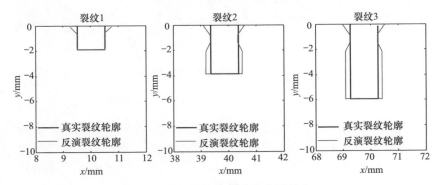

图 7-25　裂纹反演轮廓和真实轮廓

由于实际裂纹区域磁荷强度并不确定，利用相关系数无法对反演结果进行量化评价，对此，可以将裂纹实际所围区域命名为 S_A，反演得到的裂纹的所围区域命名为 S_R，缺陷轮廓与真实轮廓的误差为 S_e，则反演结果的相对误差可以定义为

$$e = \frac{S_e}{S_A} = \frac{(S_A \cup S_R) - (S_A \cap S_R)}{S_A} \tag{7-28}$$

式中：$(S_A \cup S_R)$、$(S_A \cap S_R)$ 分别为真实裂纹区域与反演裂纹区域的并集和交集。根据裂纹真实轮廓和反演轮廓，可以计算得到 3 个裂纹缺陷反演的相对误差分别为 0.031、0.125、0.167。

数值仿真和实际裂纹反演的结果表明：将缺陷区域划分成有限个微小区域，根据磁场测量点和小区域位置建立相应缺陷类型的量测方程，利用截断奇异值和缺陷反演空间缩小方法，可以求解出量测方程中磁偶极子影响量，然后根据磁偶极子影响量的幅值分布可以确定缺陷的轮廓信息。针对反演深度和精度受测量磁场时传感器提离高度影响的问题，可以将不同高度平面的磁场测量值进行组合，从而在获得较大反演深度的同时保持较高的反演精度。

7.4 小结

本章在分析研究磁记忆梯度张量信号特点的基础上，首先对损伤区二维分布成像技术进行研究：提出一个可增强缺陷边界特征并不受检测方向影响的特征量，对缺陷边界位置进行定位。在确定缺陷水平位置的基础上，建立缺陷离散阵列模型，利用多提离高度的磁场数据对缺陷深度方向轮廓进行反演。通过理论和实验研究得到以下结论。

（1）提出的边界增强的梯度模量 C_{ED} 包含多个在缺陷边界位置处取极值特征的张量元素，可以突出磁场不同方向上的横向变化特征，且不受检测方向影响，应用于裂纹和应力集中缺陷分布反演的实验结果表明，边界增强梯度模量 C_{ED} 能够克服单个方向磁场信息反演缺陷边界时，在缺陷端点位置处边界反演结果发散的问题。

（2）针对缺陷边界磁荷分布不均匀的问题，将缺陷区域划分成有限个微小区域建立磁荷离散阵列模型，再利用截断奇异值和缺陷反演空间缩小方法，得到磁偶极子影响量分布，最后根据磁偶极子影响量的幅值分布可以确定缺陷的轮廓信息。

（3）基于缺陷平面二维反演结果反演缺陷深度方向轮廓时，反演的精度和深度受磁场数据的测量高度影响较大，将不同高度的磁场测量值进行组合，则可以在保持较大反演深度的同时具有较高的分辨率。

参 考 文 献

［1］ Jian X L，Jian X C，Deng G Y. Experiment on relationship between the magnetic gradient of low-carbon steel and its stress ［J］. Journal of Magnetization and Magnetic Materials，2009，321：3600-3606.

［2］ Wilson J W，Tian G Y，Barrans S. Residual magnetic field sensing for stress measurement ［J］. Sensors and Actuators A，2007，135（2）：381-387.

［3］ 刘昌奎，陶春虎，陈星，等. 基于金属磁记忆技术的18CrNi4A钢缺口试件疲劳损伤模型 ［J］. 航空学报，2009，30（9）：1641-1647.

［4］ 苏兰海，马祥华，陈工，等. 铁磁材料零件疲劳损伤磁记忆检测方法的实验 ［J］. 测试技术学报，2009，23（2）：145-150.

［5］ 蹇兴亮，周克印. 基于磁场梯度测量的磁记忆试验 ［J］. 机械工程学报，2010，46（4）：15-21.

［6］ 徐明秀，尤天庆，徐敏强，等. 磁记忆信号的量化描述 ［J］. 中南大学学报（自然科学版），2015，46（4）：1215-1223.

［7］ 姚凯. 基于金属磁记忆法的铁磁材料早期损伤检测与评价的实验研究 ［D］. 北京：北京交通大学，2014.

［8］ 张静，樊建春，王培玺，等. 套管损伤磁记忆检测信号的量化识别方法 ［J］. 石油机械，2012，40（8）：24-28.

［9］ 陈海龙，王长龙，左宪章，等. 基于磁记忆梯度张量信号的缺陷二维反演研究 ［J］. 兵工学报，2017，38（5）：995-1001.

［10］ 吴星，王凯，冯炜，等. 基于非全张量卫星重力梯度数据的张量不变量法 ［J］. 地球物理学报，2011，54（4）：966-976.

［11］ Koichi H，Kazuhiko T. Estimation of defects in PWS rope by scanning magnetic flux leakage ［J］. NDT&E International，1995，28（1）：9-14.

［12］ Bruno A C. Imaging flaws in magnetically permeable structures using the truncated generalized inverse on leakage fields ［J］. Journal of Applied Physics，1997，82（12）：5899-5906.

内容简介

本书介绍了金属磁记忆检测的原理、国内外研究现状和发展趋势；根据磁性物质的特点和力-磁耦合模型，探讨了金属磁记忆检测机理和影响因素；将形态滤波和 EMD 分解阈值滤波方法结合起来，实现了金属磁记忆检测信号的降噪处理；将磁梯度张量测量分析方法应用到信号特征提取中，提出以总梯度模量作为判据的磁记忆缺陷检测方法；分析了不同类型缺陷的磁记忆信号分布特征差异，提出了基于磁记忆信号垂面分布特征缺陷损伤状态的识别方法；提取了一种可增强缺陷边界特征的特征量，实现缺陷二维分布反演；建立了缺陷三维空间反演离散阵列模型，论述了基于截断广义逆矩阵和空间缩小的缺陷反演方法，实现缺陷三维轮廓重构。

本书适合于航天、兵工、装备保障、机械、电力、化工等领域从事无损检测的研究人员阅读，还可以作为相关专业研究生学习的参考书。

This book introduces metal magnetic memory testing from the principle, research status and development trend. According to the characteristics of magnetic materials and the magneto-mechanical coupled model, the mechanism and influencing factors about the metal magnetic memory testing are discussed. The methods of morphological filtering and EMD decomposition threshold filtering are studied, and the two methods are combined to realize the signal denoising. The measurement and analysis method of magnetic gradient tensor is applied to signal feature extraction, and a defect detection method based on total gradient modulus is proposed. Based on the analysis of the difference of the distribution characteristics of different types of defects, the method of defect damage identification based on the vertical distribution characteristics of magnetic memory signals is proposed. In this book, a feature quantity which can enhance the boundary feature of defect is extracted, and the inversion of two-dimensional distribution of defect is realized. The discrete array model for 3D space inversion of defects is established and the defect inversion method based on truncated generalized inverse matrix and space reduction is discussed to realize 3D contour reconstruction of defects.

This book is suitable for technicians who are engaged in nondestructive testing for spaceflight, weapons engineering, equipment support, machanics, electric power project, chemical industry and so on. It can also be used as a reference book for graduate students in related fields.

134

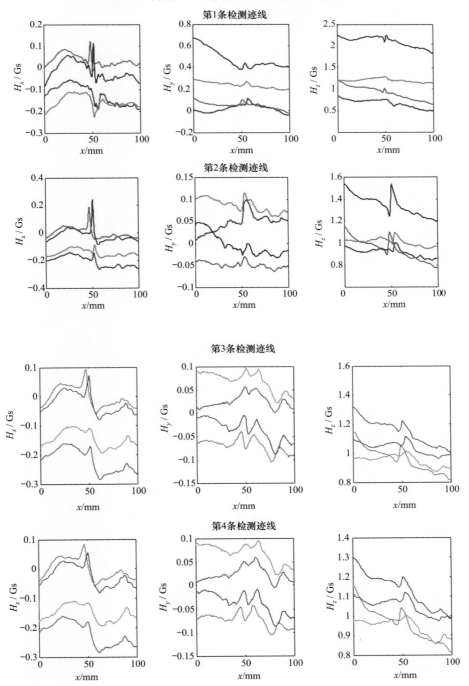

南-北 ——— 北-南 ——— 西-东 ——— 东-西

第1条检测迹线

第2条检测迹线

第3条检测迹线

第4条检测迹线

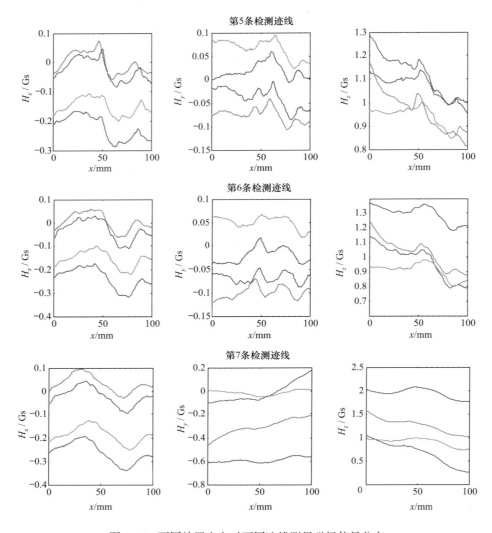

图 3-15　不同放置方向时不同迹线测得磁场信号分布

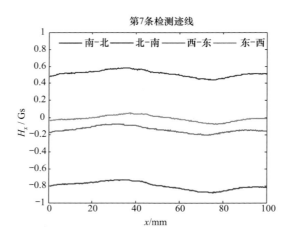

图 3-20　试件不同放置方向下第 7 条迹线的切向磁场分布

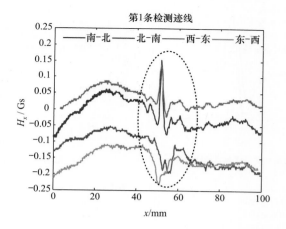

图 3-21　试件不同放置方向下第 1 条迹线的磁场分布

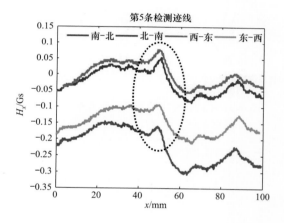

图 3-22　试件不同放置方向下第 5 条迹线的磁场分布

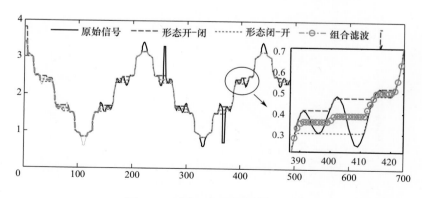

图 5-5　不同形态滤波器滤波效果

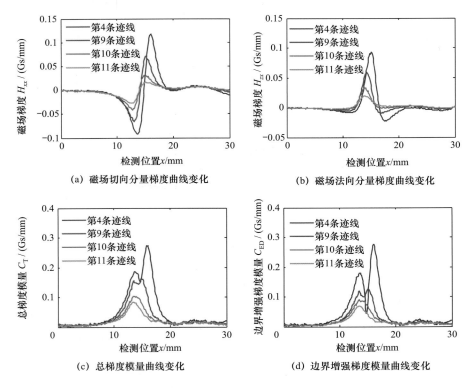

(a) 磁场切向分量梯度曲线变化   (b) 磁场法向分量梯度曲线变化

(c) 总梯度模量曲线变化   (d) 边界增强梯度模量曲线变化

图 7-9   不同迹线下特征量曲线分布变化情况

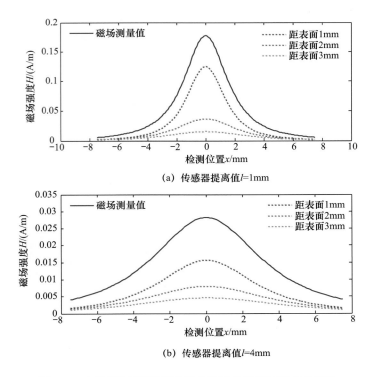

(a) 传感器提离值l=1mm

(b) 传感器提离值l=4mm

图 7-13   不同深度的磁偶极子对测量点处磁场影响量变化